东华理工大学重点教材建设项目
江西省高等学校教学改革研究省级课题项目(编号:JXJG－14－6－21)
国家自然科学基金项目(编号:41161069、41206078)
江西省自然科学基金项目(编号:20142BAB217025)
等联合资助

GPS测量与数据处理实习指导书

GPS Celiang Yu Shujuchuli Shixizhidaoshu

肖根如 许宝华 王真祥 等著

图书在版编目(CIP)数据

GPS测量与数据处理实习指导书/肖根如,许宝华,王真祥等著.—武汉:中国地质大学出版社,2015.3(2018.3重印)

ISBN 978-7-5625-3602-4

Ⅰ.①G…

Ⅱ.①肖…②许…③王…

Ⅲ.①全球定位系统-测量学②全球定位系统-数据处理

Ⅳ.①P228.4

中国版本图书馆CIP数据核字(2015)第044379号

GPS测量与数据处理实习指导书 肖根如 许宝华 王真祥 **等著**

责任编辑:姜 梅 责任校对:张咏梅

出版发行:中国地质大学出版社(武汉市洪山区鲁磨路388号) 邮政编码:430074

电 话:(027)67883511 传 真:67883580 E-mail:cbb @ cug.edu.cn

经 销:全国新华书店 http://www.cugp.cug.edu.cn

开本:787毫米×1 092毫米 1/16 字数:260千字 印张:10.125

版次:2015年3月第1版 印次:2018年3月第3次印刷

印刷:武汉市籍缘印刷厂 印数:1501—2500册

ISBN 978-7-5625-3602-4 定价:35.00元

前　言

GPS测量与数据处理是测绘工程专业一门最具综合性的学科，是测绘类各门课程的应用基础。GPS测量与数据处理教学的重要环节就是实践教学，实践教学环节在相关课程理论教学中不可或缺，是理论联系实际的重要部分，可以培养学生的动手能力，增加学生对GPS测量仪器操作、GPS测量实施以及GPS数据处理的感性认识。它在培养学生严谨的治学态度、活跃的创新意识、理论联系实际和适应科技发展的综合应用能力等方面具有不可替代的作用。本实习指导书的编写目的在于培养学生的GPS基本测量技能，提高学生的动手能力，使学生初步掌握GPS测量工作的实际操作和施工方法；培养学生的科学思维和创新意识，使学生掌握实验研究的基本方法，提高学生的分析能力和创新能力。

本实习指导书的编写是在作者及团队多年从事GPS测量与数据处理教学与科研实践的基础上编著而成。全书按照实践教学环节的需要，逐个实验进行编写，包含了GPS测量与数据处理教学中所涉及到的绝大部分实验操作。各个实验可以单独进行，也可以组合进行。本书可以作为本科、专科测绘工程及相关专业GPS测量与数据处理或者相近课程的实践教学用书与实践参考用书，也可以作为工程人员的实际参考手册。本书共分为GPS测量实习须知、GPS测量与数据采集、GPS数据处理3个部分，其中野外测量部分为第一至第四章，数据处理部分为第五到第八章。长江水利委员会水文局长江口水文资源勘测局许宝华、王真祥编写第一至第四章；东华理工大学肖根如编写第五至第八章。东华理工大学陈晓勇、臧德彦、吴良才、王胜平、刘向铜、王建强、朱煜峰、鲁铁定、陈本富、吴华玲等参与编写本书部分章节。全书由肖根如负责统稿，许宝华、王真祥负责审校。

本书在编写过程中得到上海华测导航技术股份有限公司等多家仪器公司的大力支持。同时得到了东华理工大学重点教材建设项目、江西省高等学校教学改革研究省级课题项目(编号:JXJG-14-6-21)、国家自然科学基金项目(编号:41161069、41206078)、江西省自然科学基金项目(编号:20142BAB217025)、江西省教育厅科技计划(编号:GJJ13441)和江西省数字国土重点实验室开放研究基金项目(DLLJ20413)的资助。在此一并表示感谢!

由于作者水平有限,书中难免有不足之处,敬请读者谅解并提出宝贵意见。

著 者

2015 年 1 月于江西

目　录

第一部分　GPS测量实习须知

第二部分　GPS测量与数据采集

第三部分 GPS数据处理

第一部分

GPS 测量实习须知

一、实习目的

(1)理解和消化《GPS 测量原理与应用》课堂教学的内容,巩固和加深课堂所学理论知识。

(2)熟练掌握 GPS 接收机的使用方法,学会使用 GPS 进行控制测量的基本方法,培养学生的实际动手能力。

(3)培养学生 GPS 数据内业处理能力。

(4)培养学生 GPS 控制测量的组织能力、独立分析问题和解决问题的能力。

(5)培养学生的团队协作、吃苦耐劳的精神,养成严格按照测量规范进行测量作业的工作作风。

二、实习任务

每个作业小组按要求完成 4~6 个点的 E 级 GPS 控制网的选点、组网、观测及数据处理的测量工作(表 0-1)。

表 0-1 实习任务及安排

序号	名称	内容	学时
1	GPS 接收机认识	天宝、徕卡、南方、华测仪器认识	2
2	GPS 接收机检验	天线相位中心检测	2
3	GPS 静态测量	静态测量	2
4	GPS 动态测量	RTK 测量、CORS 测量	4
5	GPS 内业商用软件数据处理	STC、CGO、HGO 软件使用	2
6	GPS 商精度数据处理	Bernese、Trip、GIPSY 软件使用	2
7	GPS 控制网	综合性	4

三、实习组织

实习组织工作由任课教师全面负责,每班配备 2 名教师担任实习指导工作。每班按每组 4~6 人分组,小组设组长 1 人,组长负责组内的实习分工和仪器管理。

四、实习地点

在校区本部及校区附近的学校实习基地进行。

五、仪器设备

每组所需要仪器及附件清单如下：

(1)双频 GPS 接收机(南方 S86、华测 T5、中海达 V8)1 套，含主机 1 台、天线 2 根、基座 1 个、电池 2 块、天线电缆 1 根、供电电缆 1 根、天线连接杆 1 个。

(2)三脚架 1 副。

(3)2m 钢卷尺 1 把。

(4)工具箱 1 个。

(5)记录手簿，点之记表格若干。

六、实习注意事项

(1)实习期间应严格遵守学校有关的实习规定，遵守实习纪律，未经指导老师同意，不得缺勤，不得私自外出和游泳。

(2)实习中，各小组长应切实负责，合理安排小组工作。实习的各项工作每人都应有机会参与，以得到锻炼。

(3)小组内、小组之间、班级之间应团结协作，提高工作效率，保证实习的顺利完成。

(4)实习中要特别注意仪器设备的安全，各小组要指定专人负责保管。每次出工和收工应清点仪器和工具，发现问题应及时向指导老师报告。

七、实习内容

(1)编写《E 级 GPS 控制网技术设计书》。

(2)实地踏勘、选点、埋桩。

(3)GPS 野外数据采集。

(4)GPS 数据处理。

(5)编写《GPS－E 级控制网实习总结报告》。

八、编写实习总结

实习结束时，每个学生应完成 1 份《GPS—E 级控制网实习总结报告》，总结应反映出学生本人在实习中的收获。

九、提交实习成果

(1)《GPS－E 级控制网技术设计书》1 份。

(2)《GPS－E 级控制网实习总结》1 份。

(3)GPS－E 级控制点成果表 1 份。

(4)GPS－E 级控制点展点及通视图。

(5)GPS 点点之记。

(6)GPS野外观测原始数据及平差计算资料。

(7)GPS野外测量作业调度表。

(8)GPS外业观测记录手簿。

十、实习成绩评定

实习成绩评定依据:实习中学生的表现、仪器操作的熟练程度、数据处理时分析问题和解决问题的能力、仪器设备是否完好无损、所提交GPS控制网成果资料的质量、《GPS控制网技术设计书》和《GPS控制网实习总结》的编写水平等。

实习成绩评定等级:根据以上实习成绩评定依据,实习成绩分为优、良、中、及格和不及格5个等级,其中凡违反实习纪律、缺勤3次以上、实习中发生打架事件、发生重大仪器事故、未提交成果资料和实习总结等,成绩均记为不及格。

第二部分

GPS 测量与数据采集

第一章　GPS 接收机认识与使用

目前市场上 GPS 接收机种类很多，根据用途分为导航型、测地型、授时型，根据载波频率分为单频接收机、双频接收机，根据接收机通道数分为多通道接收机、序贯通道接收机、多路多用通道接收机，还可以按接收机工作原理等分类。

第一节　接收机分类

一、按接收机的用途分类

（一）导航型接收机

导航型接收机主要用于像车辆、船舶、飞机、卫星等运动载体的导航，它可以实时给出载体的位置和速度。这类接收机一般采用 C/A 码伪距测量方式，单点实时定位精度较低，一般为 ±10m，当有选择可用性政策（Selective Availablity，简称 SA）影响时，精度迅速降为 100～150m。这类接收机价格便宜，应用广泛。根据所用领域不同，它还可以进一步划分为：

（1）车载式——用于车辆导航定位。

（2）航海式——用于船舶导航定位。

（3）航空式——用于飞机导航定位。由于飞机飞行速度快，因此要求机载接收机能适应高速运动。

（4）星载式——用于卫星导航定位。由于卫星的速度高达 7km/s 以上，因此对接收机的性能要求更高。

（二）测地型接收机

测地型接收机主要用于精密大地测量和精密工程测量。这类仪器主要采用载波相位观测值进行相对定位。其定位精度高，但仪器结构复杂，价格较贵。根据接收机的适用状态及精度要求分为静态接收机和动态接收机。

（三）授时型接收机

这类接收机主要利用GPS卫星提供的高精度时间标准进行授时，常用于天文台及无线电通信中时间同步。

二、按接收机的载波频率分类

（一）单频接收机

单频接收机只能接受 L_1 载波信号，测定载波相位观测值进行定位。由于不能有效消除电离层延迟影响，单频接收机只适用于短基线（<20km）的精密定位。目前测绘类作业工作或工程已经较少采用单频接收机。

（二）双频接收机

双频接收机可以同时接收 L_1、L_2 载波信号。利用双频对电离层延迟量不同，可以消除电离层对电磁波信号延迟的影响，因此双频接收机可用于长达几千千米的精密定位。

三、按接收机通道数分类

GPS接收机能同时接收多颗GPS卫星的信号，为了分离接收到不同卫星的信号，以实现对卫星信号的跟踪、处理和测量，具有这样功能的器件称为天线信号通道。根据接收机所具有的通道种类可分为多通道接收机、序贯通道接收机、多路多用通道接收机。

（一）多通道接收机

多通道接收机具有4个及4个以上的信号通道，并且每个通道只连接跟踪一个卫星。优点：能够不间断地跟踪每个卫星信号，实现连续观测卫星的测距码和载波相位观测量；具有较好的信噪比。缺点：各通道间存在信号延时偏差，需要进行比对和改正；通道数多，结构复杂，不利于减轻接收机的质量和体积。

（二）序贯通道接收机

序贯通道接收机是指在软件控制下对进入通道的卫星信号按时序进行跟踪和测量，其对所测卫星信号量测一个循环，需要时间大约数秒钟到数分钟。优点：硬件通道少，结构简单，有利于减小接收机的质量和体积；采用单通道，各卫星信号在通道中延迟相同，不存在信号间的路径偏差，弥补了多通道接收机的不足。缺点：不能同时接收卫星导航电文；通道的控制软件较为复杂；难以确保载波相位信号的连续跟踪；对 L_1、L_2 载波信号测量不同步，从而降低了电离层折射改正的精度。

（三）多路多用通道接收机

与序贯通道相似，多路多用通道是指在软件控制下对进入通道的卫星信号按时序进行跟踪和测量，但其对所测卫星信号量测一遍的时间在20ms之内。由于时间短，多路多用通道接收机能够在不同卫星之间、不同频率之间进行高速运转，转换速率与导航电文的比特率（20ms）同步。优点：能够同时获得跟踪卫星的导航电文，也能连续跟踪载波信号，实现对载波相位的连续测量。缺点：信噪比低于多通道接收机，通道的控制软件也比较复杂。

四、按接收机工作原理分类

(一)码相关型接收机

码相关型接收机是利用码相关技术得到伪距观测值。

(二)平方型接收机

平方型接收机是利用载波信号的平方技术去掉调制信号来恢复完整的载波信号；通过相位计测定接收机内产生的载波信号与接收到的载波信号之间的相位差，测定伪距观测值。

(三)混合型接收机

混合型接收机综合了码相关型接收机和平方型接收机的优点，既可以得到码相位伪距，也可以得到载波相位观测值。

(四)干涉型接收机

干涉型接收机是将GPS卫星作为射电源，采用干涉测量的方法，测定两个测站之间的距离。

第二节 测地型接收机

目前，在GPS技术开发和实际应用方面，国际上较为知名的生产厂商有美国天宝(Trimble)导航公司、瑞士徕卡测量系统(Leica Geosystems)、日本拓普康(TOPCON)公司、美国麦哲伦(Magellan)公司(原泰雷兹导航)，国内有南方测绘、中海达、上海华测等。随着俄罗斯全球导航卫星系统(Global Navigation Satellite System，简称GLONASS)的发展，欧盟伽利略(Galileo)系统的建设和我国北斗导航系统(Compass)的继续完备，更多具有兼容性的接收机已投入使用。

一、徕卡GPS接收机

徕卡测量系统是全球著名的专业测量公司，其不仅在全站仪、相机方面对行业产生了很大的影响，而且在测量型GPS的研发及GPS的应用上也作出了极大的贡献，是快速静态、动态RTK技术的先驱。其GPS1200系统中的接收机包括4种型号：GX1230GG/ATX1230GG、GX1230/ATX1230、GX1220和GX1210。其中，GX1230GG/ATX1230GG为72通道双频RTK测量接收机，接收机集成电台、GSM、GPRS和CDMA模块，具有连续检核功能，可防水(水下1m)、防尘、防沙。动态精度为水平$\pm(10\text{mm}+1\times10^{-6}D)$，垂直$\pm(10\text{mm}+0.5\times10^{-6}D)$。它在20Hz时的RTK距离能够达到30km，甚至更长，并且可保证厘米级的测量精度，基线在30km时的可靠度是99.99%。

二、南方GPS接收机

南方测绘的GPS接收机产品主要有RTK S82、S86等。其中S82采用一体化设计，集成GPS天线、UHF数据链、OEM主板、蓝牙通信模块、锂电池。其中RTK定位精度为平面

±(10mm+1×$10^{-6}D$)，垂直±(20mm+1×$10^{-6}D$)；静态后处理精度为平面±(5mm+1×$10^{-6}D$)，垂直±(10mm+1×$10^{-6}D$)；单机定位精度为1.5m(CEP)；码差分定位精度为0.45m(CEP)。

三、华测GPS接收机

华测导航的GPS接收机产品主要有X60CORS、X20单频接收机、X90一体化RTK、X60双频接收机等，是国内通过中华人民共和国制造计量器许可证获得的精度最高的产品，其中，X90为28通道双频GPS接收机，集成双频GPS接收机、双频测量型GPS天线、UHF无线电、进口蓝牙模块和电池。其动态精度为水平±(10mm+1×$10^{-6}D$)，垂直±(20mm+1×$10^{-6}D$)；静态精度为水平±(5mm+1×$10^{-6}D$)，垂直±(10mm+1×$10^{-6}D$)；能达到10～30km的作用范围(因实际地域情况有所差别)，既可以承受从3m高空跌落至坚硬的地面，也可以浸入水下1m深处进行测量。X90具有静态、快速静态、RTK、PPK、码差分等多种测量模式，精度范围为毫米级到亚米级，而且可与天宝、徕卡等主流品牌联合作业。

四、中海达GPS接收机

中海达测绘公司的GPS接收机产品包括静态一体化接收机HD-8200G和GD-8200X，其中HD-8200G配备无线遥控器，可远距离查看卫星状况等关键信息；GD-8200X具有语音导航功能，可通过面板直接设置经验采集关键参数——卫星高度角和采样间隔。RTK产品主要有珠峰HD-5800、V8 CORS RTK、V8 GNSS RTK。RTK作业精度：静态后处理精度为平面±(2.5mm+1×$10^{-6}D$)，高程±(5mm+1×$10^{-6}D$)；RTK定位精度为平面±(10mm+1×$10^{-6}D$)，高程±(20mm+1×$10^{-6}D$)；码差分定位精度为0.45m(CEP)，单机定位精度为1.5m(CEP)。

五、其他品牌接收机

(一)天宝接收机

美国天宝的GPS接收机产品主要有SPS751、SPS851、SPS781、SPS881、R8、R8GNSS、R7、R6及5800、5700等。其作为美国军方控股企业，是世界上最早研究与生产GPS的企业之一，其中，SPS881和R8GNSS为72通道GPS/WAAS/EGNOS接收机，其将三频GPS接收机、GPS天线、UHF无线电和电源组合在一个袖珍单元中，具有内置Trimble Maxwell 5芯片的超跟踪技术。即使在Ⅱ类的电磁环境中，仍然能用小于2.5W功率对卫星提供有效的追踪。同时，为扩大作业覆盖范围和全面减小误差，可以同频率、多基准站的方式工作。此外，它还与天宝虚拟参考站(Trimble Virtual Reference Staition，简称Trimble VRS)网络技术完全兼容，其内置的WAAS和EGNOS功能提供了无基准站的实时差分定位。SPS751、SPS851、SPS551还具有接收星站差分改正信息的功能，最高单机定位精度可达±5cm。

(二)拓普康接收机

日本拓普康公司生产的GPS接收机中有GR-3、GB-1000、Hiper系列、Net-G3等。其中GR-3大地测量型接收机可100%兼容三大卫星系统(GPS、GLONASS、Galileo)的所有可用信号，它不仅是世界上最早研发出能同时接受美国的GPS与俄罗斯GLONASS两种卫星信号的双星技术的厂家，也是现今世界上唯一可以同时接收所有GNSS卫星的接收机，有72个超级跟踪频道，每个通道都可独立追踪3种卫星信号，采用抗2m摔落坚固设计，支持蓝牙通信，内置GSM/GPRS模块(可选)。静态、快速静态的精度为水平±($3mm+0.5\times10^{-6}D$)，垂直±($5mm+0.5\times10^{-6}D$)；RTK精度为水平±($10mm+1\times10^{-6}D$)，垂直±($15mm+1\times10^{-6}D$)；DGPS精度优于25mm。

(三)际上空间Rock接收机

武汉际上空间Rock系列产品是际上空间专门针对CORS参考站和形变监测等系统应用而设计的专业测量型接收机。它采用最新型高精度GNSS OEM主板，兼容单频和双频模式。可以通过RS232接口、有线网络、GPRS无线通信网络进行实时数据传输，同时借助于高性能的内置处理器，可以实现高达20Hz的数据采样率。

产品支持主流GNSS信号的接收，包括现有的美国GPS信号和俄罗斯GLONASS信号、欧洲Galileo信号和美国WAAS等SBAS信号。Rock专业型参考站接收机配备多个并行接收通道，可以最大限度地跟踪和观测所有可见GNSS卫星信号，从而提高测量精度和实时RTK测量的性能。

(四)司南导航接收机

上海司南导航接收机采用自主知识产权BDS+GPS双星五频GNSS模块，紧跟国际卫星定位发展的步伐，为GNSS产业革命性产品，特别是其在变形监测中的应用，可增加跟踪卫星数量，使在高遮挡地区进行变形监测成为可能，特别是随着北斗卫星导航系统组网卫星的不断增多，其可用性与可靠性不断加强；北斗卫星导航定位系统的独有功能，5颗地球同步卫星，可大大降低接收机跟踪卫星的PDOP，提高解算精度。

第二章 静态GPS控制测量

GPS测量与常规测量相类似，在实际工作中也可划分为测前准备、外业测量实施及内业数据处理3个阶段，并遵循“满足质量要求的前提下，所花费用最少”的最优化原则。本章主要介绍GPS静态测量的3个阶段的工作，包括以下9项内容。

(1)研究任务合同书。

(2)测量技术设计及编写设计书。

(3)测区踏勘及收集资料。

(4)观测器材准备及人员组织安排。

(5)外业观测成果的外业检核。

(6)选点、埋标、观测。

(7)数据预处理。

(8)GPS网平差。

(9)技术总结与上交资料。

第一节 测前准备

GPS测量的测前准备包括技术设计和人员、工具的准备等，其中技术设计是进行GPS定位的最基本工作，它是依据国家有关规范(或规程)及GPS网的用途和用户的要求等对测量工作的网形、精度及基准等的具体设计。

一、明确任务

作为一项GPS测量工程项目，由工程出资方(甲方)提出任务，由测量单位(乙方)负责具体实施，双方需要明确以下要求，并签署合同书。

(1)测区位置及其范围。测区的地理位置、范围，控制网的控制面积。

(2)用途和精度等级。控制网将用于何种目的，其精度要求是多少，要求达到何种等级。

(3)点位分布及点的数量。控制网的点位分布、点的数量及密度要求，对点位分布是否有特殊要求的区域。

(4)提交成果的内容：甲方需要提交哪些成果，所提交的坐标成果分别属于哪些坐标系，所提交的高程成果分别属于哪些高程系统，除了提交最终的结果外，是否还需要几条原始数据或中间数据等。

(5)时限要求。对提交成果的时限要求，即提交成果的最后期限。

(6)投资经费。对工程投入经费的具体额度。

二、技术设计

技术设计是进行 GPS 定位的最基本的工作，包括 GPS 测量技术的设计依据、GPS 控制网的精度、密度设计、基准设计、图形设计等。

（一）GPS 测量技术的设计依据

GPS 测量技术的设计依据是 GPS 测量规范（或规程）和测量任务书（或测量合同）。

（1）GPS 测量规范（或规程）是国家测绘管理部门或行业部门制定的技术法规，目前 GPS 网设计依据的规范（或规程）有：①2009 年国家质量监督局发布的《全球定位系统（GPS）测量规范》（GB/T 18314—2009），以下简称《规范》；②2010 年国家住房和城乡建设部发布的行业标准《卫星定位城市测量技术规范》（GJJ/T 73—2010），以下简称《城市规范》；③各部委根据本部门 GPS 工作的实际情况制定的其他 GPS 测量规程或细则。

（2）测量任务书（或测量合同）是测量施工单位上级主管部门或合同中甲方下达的技术要求文件。这种技术文件是指令性的，它规定了测量任务的范围、目的、精度和密度要求，提交成果资料的项目和时间，完成任务的经济指标等。

在 GPS 方案设计时，一般首先依据测量任务书（或测量合同）提出的 GPS 网的精度、密度和经济指标，再结合测量规范（或规程）规定，并现场踏勘，具体确定各点间的连接方法、各点设站观测的次数、时段长短等布网观测方案。

（二）GPS 网的精度、密度设计

1. GPS 网精度设计标准及分类（表 2-1～表 2-3）

各类 GPS 网的精度设计主要取决于 GPS 网的用途。设计精度时，根据任务要求和具体的服务对象以满足工程要求为前提。工程及城市的 GPS 控制网可根据相邻点的平均距离和精度进行设计。

表 2-1　GPS 测量精度分级（一）

级别	坐标年变化率中误差（mm/a）		相对精度	地心坐标各分量年平均中误差（mm）	主要用途
	水平分量	垂直分量			
A	2	3	1×10^{-8}	0.5	建立国家一等大地控制网，进行全球性的地球动力学研究、地壳形变测量和精度定轨等

各等级 GPS 相邻点间弦长精度用下式表示：

$$\delta = \sqrt{a^2 + (b \cdot D)^2} \tag{2-1}$$

式中：δ 为 GPS 基线向量的弦长中误差（mm）；即等效距离误差：a 为 GPS 接收机标称精度中的固定误差（mm）；b 为 GPS 接收机标称精度中的比例误差系数（$\times10^{-6}$）；D 为 GPS 网中相邻点间的距离（km）。

2. GPS 网密度设计（表 2-4～表 2-5）

各种不同的任务要求和服务对象，对 GPS 点的分布要求也不同。相邻点间的最小距离可为平均距离的 1/3～1/2，相邻点间的最大距离可为平均距离的 2～3 倍。

表 2-2 GPS测量精度分级(二)

级别	相邻点基线分量中误差(mm)		相邻点平均距离(km)	主要用途
	水平分量	垂直分量		
B	5	10	50	建立国家二等大地控制网,建立地方或城市坐标基准框架、区域性的地球动力学研究、地壳形变测量和各种精密工程测量等
C	10	20	20	建立国家三等大地控制网,建立区域、城市及工程测量的基本控制网等
D	20	40	5	建立四等大地控制网的GPS测量
E	20	40	3	中小城市、城镇以及测图、地籍、物探、勘测、建筑施工等控制测量

表 2-3 GPS测量精度分级(三)

等级	平均距离(km)	a(mm)	$b(\times10^{-6}D)$	最弱边相对中误差
二	9	≤10	≤2	1/12万
三	5	≤10	≤5	1/8万
四	2	≤10	≤10	1/4.5万
二	<1	≤15	≤20	1/1万
一	1	≤10	≤10	1/2万

注:当边长小于200m时,以边长中误差小于20mm来衡量。

表 2-4 GPS网中相邻点间距(单位:km)

级别项目	AA	A	B	C	D	E
相邻点最小距	300	100	15	5	2	0.1
相邻点最大距	2 000	1 000	250	40	15	10
相邻点平均距	1 000	300	70	10~15	5~10	0.2~5

表 2-5 GPS观测技术要求

项目	级别			
	B	C	D	E
卫星高度截止角(°)	10	15	15	15
共视有效卫星数	≥4	≥4	≥4	≥4
有效观测卫星总数	≥20	≥6	≥4	≥4
观测时段数	≥3	≥2	≥1.6	≥1.6
时段长度	>23h	≥h	≥1h	≥40min
采样间隔(s)	30	10~30	5~15	5~15

在实际工作中，精度标准的确定要根据用户的实际需要及人力、物力、财力情况合理设计，或参照本部门已有的生产规程和作业经验适当掌握。在具体布设中，可以分级布设，也可越级布设，或布设同级全面网。

（三）GPS网的基准设计

GPS测量获得的是GPS基线向量，它属于WGS84坐标系的三维坐标差，而通常需要的是国家坐标系或地方独立坐标系的坐标。所以，在GPS网的技术设计时，必须明确GPS成果所采用的坐标系统和起算数据，我们将这项工作称为GPS网的基准设计。

GPS网的基准包括方位基准、尺度基准和位置基准。方位基准一般由给定的起算方位角值确定，也可以以GPS基线向量的方位作为方位基准；尺度基准一般由地面的电磁波测距边确定，也可由两个以上的起算点间的距离确定，或由GPS基线向量的距离确定；位置基准，一般都是由给定的起算点坐标确定。因此，GPS网的基准设计实质上是确定控制网的位置基准问题。

在基准设计时，应充分考虑以下4个问题：

（1）为求定GPS点在地面坐标系的坐标，应在地面坐标系中选定起算数据和联测原有地方控制点的若干个，用以坐标转换。在选择联测点时既要考虑充分利用旧资料，又要使新建的高精度GPS网不受旧资料精度较低的影响。因此，大中城市GPS控制网应与附近3个以上的国家控制点联测，小城市或工程控制可以联测2～3个点。

（2）为保证GPS网进行约束平差后坐标精度的均匀性以及减少尺度误差的影响，对GPS网内重合的高等级国家点或原城市等级控制网点，除未知点联结图形观测外，要适当地构成长边图形。

（3）GPS网经平差计算后，可以得到GPS点在地面参照坐标系中的大地高，为求得GPS点的正常高，可根据具体情况联测高程点，联测的高程点需均匀分布于网中，对丘陵或山区联测高程点应按高程拟合曲面的要求进行布设。具体联测宜采用不低于四等水准或与其精度相等的方法进行。GPS点高程在经过精度分析后可供测图或其他方面使用。

（4）新建GPS网的坐标系应尽量与测区过去采用的坐标系统一致，如果采用的是地方独立或者工程坐标系，一般还应该了解的参数有：所采用的参考椭球，坐标系的中央子午线经度，纵、横坐标加常数，坐标系的投影面高程及测区平均高程异常值，起算点的坐标值。

（四）GPS网的特征条件

在进行GPS网图形设计前，必须明确有关GPS网构成的几个概念，才能掌握控制网的特征条件计算方法。

（1）观测时段：

$$C = \frac{n \times m}{N} \tag{2-2}$$

（2）总基线数：

$$J_{总} = \frac{C \times N \times (N-1)}{2} \tag{2-3}$$

（3）必要基线数：

$$J_{必} = n-1 \tag{2-4}$$

（4）独立基线数：

$$J_{独} = C \times (N-1) \tag{2-5}$$

(5)多余基线数：

$$J_{多} = C \times (N-1) - (n-1) \tag{2-6}$$

(6)同步图形基线数。根据式(2-3)，对于 N 台 GPS 接收机构成的同步图形中一个时段包含的 GPS 基线数为：

$$J_{段} = \frac{N \times (N-1)}{2} \tag{2-7}$$

式中：C 为观测时段数；n 为网点数；m 为每点设站次数；N 为接收机数。

在 GPS 网中，依据式(2-2)～式(2-7)，可以确定出 GPS 网图形结构的主要特征。

但其中仅有 $N-1$ 条是独立的 GPS 边，其余为非独立 GPS 边。理论上，同步闭合环中各 GPS 边的坐标差之和(即闭合差)应为零，但由于各台 GPS 卫星搜集并不是严格同步，同步闭合环的闭合差并不等于零。有的 GPS 规范规定了同步闭合环闭合差的限差。对于同步比较好的情况，应遵守此限差的要求；但当由于某种原因同步不是很好时，应适当放宽此项限差。值得注意的是，当同步闭合环的闭合差较小时，通常只能说明 GPS 基线向量的计算合格，并不能说明 GPS 网的观测精度高，也不能发现接受的信号受到干扰而产生的某些粗差。

为了确保 GPS 观测效果的可靠性，有效地发现观测成果中的粗差，必须使 GPS 网中的独立边构成一定的几何图形。这种几何图形，可以是由数条 GPS 独立边构成的非同步多边形(也称为异步闭合环)，如三边形、四边形、五边形等。当 GPS 网中有若干个起算点时，也可以是由两个起算点之间的数条 GPS 独立边构成的符合路线。GPS 网的图形设计，也就是根据对所布设的 GPS 网的精度要求和其他方面的要求，设计出由独立 GPS 边构成的多边形网(或称环形网)。对于异步环的构成，一般应按所设计的网图选定，必要时经技术负责人审定后再根据具体情况适当调整。当接收机多于 3 台时，也可按软件功能自动挑选独立基线构成环路。

(五)GPS 网的图形设计

常规测量中对控制网的图形设计是一项非常重要的工作。而在 GPS 网图形设计时，因 GPS 同步观测不要求同时，所以其图形设计具有较大的灵活性。GPS 网的图形设计主要取决于用户的精度要求、经费、时间、人力以及所投入接收机的类型、数量和后勤保障条件等。

根据不同的用途，GPS 网的图形布设通常有点连式、边连式、网连式以及边点混合连接式 4 种基本方式。也有布设成星形连接、附合导线连接、三角锁连接等。选择什么样的组网，取决于工程所要求的精度、野外条件及 GPS 接收机台数等因素。

1. 点连式

点连式是指相邻同步图形之间仅有一个公共点的连接。以这种方式布点所构成的图形几何强度很弱，没有或极少有异步图形闭合条件，需要提高网的可靠性指标，一般不单独使用。

2. 边连式

边连式是指同步图形之间由一条公共基线连接。这种布网方案，网的几何强度较高，有较多的复测边和非同步图形闭合条件。在相同的一起台数条件下，观测时段数将比点连式增多。显然边连式布网有较多的非同步图形闭合条件，几何强度和可靠性均优于点连式。

3. 网连式

网连式是指相邻同步图形之间由 2 个以上的公共点相连接，这种方法需要 4 台以上的接收机。显然,这种密集的布图方法,其几何强度和可靠性指标是相当高的,但花费的经费和时间较多,一般仅适用于较高精度的控制测量。

4. 边点混合连接式

边点混合连接式是指把点连式与边连式有机地结合起来组成GPS网,既能保证网的几何强度,提高网的可靠指标,又能减少外业工作量,降低成本,是一种较为理想的布网方式。

5. 星形连接式

星形图的几何设计简单,观测边不构成闭合图形,因此粗差探测能力比点连式更差,但这种布网方式只需要2台接收机就可以作业,一台作为中心基准站,另一台作为流动站。若有3台,则有2台流动作业,不受同步限制,可以加快工作进度。由于方法简单,作业速度快,星形布网广泛应用于精度要求较低的工程测量、地质测点、边界测定、碎部测量等。

在实际布网设计时还应注意以下几个原则:

(1)GPS网的点与点之间尽管不要求通视,但考虑到利用常规测量加密时的需要,每点应有一个以上通视方向。

(2)为了顾及原有城市测绘成果资料以及各种大比例尺地形图的沿用,应采用原有城市坐标系统。对凡符合GPS网点要求的旧点,应充分利用其标石。

(3)GPS网必须由异步环独立观测边构成若干个闭合环或附合线路。按照《规范》或《城市规范》要求,各级GPS网中每个闭合环或附合线路中的边数应不大于表2-1～表2-5的规定。

三、测区踏勘及收集资料

(一)测区踏勘

可依据合同书上的具体测区位置及范围进行踏勘、调查测区。了解下列情况,为编写技术设计书、成本预算等提供依据。

1. 交通道路

公路、铁路、乡村便道的分布及通行情况。

2. 水系分布

江河、湖泊、池塘、水渠的分布,桥梁、码头及水路交通情况。

3. 植被覆盖

森林、草原、农作物的分布及面积。

4. 控制点分布

三角点、水准点、GPS点、导线点的等级、坐标及所属的坐标系统,点位的数量及分布,点位标志的保存状况等。

5. 居民点分布

测区内城镇、乡村居民点的分布、食宿及供电情况。

6. 当地风俗民情

民族的分布、习俗、方言及社会治安情况。

(二)资料收集

根据测区踏勘掌握的情况,收集下列资料。

(1)各类图件:1∶1万～1∶10万比例尺地形图、大地水准面起伏图、交通图。

(2)各类控制点成果:三角点、水准点、GPS点、导线点及各控制点坐标系统、技术总结等有关资料。

(3)测区有关的地质、气象、交通、通信等方面的资料。

(4)城市及乡村行政区划表。

四、器材准备及人员组织

器材准备及人员组织包括以下内容:

(1)筹备仪器、计算机及配套设备。

(2)筹备机动设备及通信设备。

(3)筹备施工器材,计划油料、材料的消耗。

(4)建施工队伍,拟定施工人员名单及岗位。

(5)进行详细的投资预算。

五、外业观测计划的拟订

观测开始之前,外业观测计划的拟订对于顺利完成数据采集任务、保证测量精度、提高工作效率都是极为重要的。拟订观测计划的主要依据是:GPS网的规模大小,点位精度要求,GPS卫星星座几何图形强度,参加作业的接收机数量,交通、通信机后勤保障(食宿、供电等)。

观测计划的主要内容包括:

(1)编制GPS卫星的可见性预报图。随着空间可见卫星的增多,目前此项内容可略。

(2)选择卫星的几何图形强度:在GPS定位中,所测卫星与观测站所组成的几何图形,其强度因子可用空间位置因子(PDOP)来代表,无论是绝对定位还是相对定位,PDOP值应小于6。

(3)选择最佳的观测时段:在卫星多于4颗且分布均匀、PDOP值小于6的时段就是最佳时段。

(4)观测区域的设计与划分:当GPS网的点数较多,网的规模较大,而参加观测的接收机数量有限,交通和通信不便时,可实行分区观测。为了增强控制网的整体性,提高网的精度,相邻分区应设置公共观测点,且公共点数量不得少于3个。

(6)编排作业调度表:作业组在观测前应根据测区的地形、交通状况、网的大小、精度的高低、仪器的数量、GPS网设计、卫星预报表和测区的天时、地理环境等编制作业调度表,以提高工作效率。作业调度表包括观测时段、观测时间、测站号、测站名称及接收机号等。

六、技术设计书编写

技术设计书是GPS测量项目进行的依据。它规定了项目进行遵循的规范、采取的施测方案及内容。一份完整的技术设计书主要包括以下内容。

(1)项目来源:介绍项目的来源、性质。即项目由何单位、何部门下达,属于何种性质的项目。

(2)测区概况:介绍测区的地理位置、气候、人文、经济发展状况、交通条件、通信条件等。这为今后工程施测工作的开展提供必要的信息。如施测时作业时间、交通工具的安排,电力设备的使用,通信设备的使用。

(3)工程概况:介绍工程的目的、作用、要求、精度(GPS网的等级)、完成时间、有无特殊要求等。

(4)布网方案:GPS网点的图形及基本连接方法,GPS网结构特征的测算,点位布设图的绘制。

(5)选点与埋标:GPS点位的基本要求,点位标志的选用及埋设方法,点位的编号等。

(6)观测:对观测工作的基本要求,观测纲要的制定,对数据采集的质量要求。包括质量控制方法及各项限差要求等。

(7)数据处理方案:数据处理的基本方法及使用的软件,起算点坐标的决定方法,闭合差检验及点位精度的评定指标。

(8)提交成果要求:规定提交成果的类型及形式,如提交的成果所属基准或坐标系统等。

第二节　测量实施

GPS测量外业实施包括GPS点的选点、埋石、造标、观测作业等工作。

一、选点及埋标

(一)选点

由于GPS观测站之间不一定要求相互通视,而且网的图形结构也比较灵活,所以选点工作比常规控制测量的选点要简便。但由于点位的选择对于保证观测工作的顺利进行和保证测量结果的可靠性有着重要的意义,所以在选点工作开始之前,除收集和了解有关测区的地理情况和原有测量控制点分布及标架、标型、标石完好状况,决定其适宜的点位外,选点工作还应遵守以下原则:

(1)点位应设在易于安装接收设备、视野开阔的较高点上。

(2)点位目标要显著,视角要大于15°,此范围内不应有障碍物,以减少GPS信号被遮挡或被障碍物吸收。

(3)点位应远离大功率无线电发射源(如电视台、微波站等),其距离不得小于200m;远离高压输电线和微波无线信号传送通道,其距离不得小于50m,以避免电磁场对GPS信号的干扰。

(4)点位附近不应有大面积水域或强烈干扰卫星信号接收的物体,以减弱多路径效应的影响。

(5)点位应选在交通方便、有利于其他观测手段扩展与联测的地方。

(6)地面基础稳定,易于点的保存。

(7)选点人员应按技术进行踏勘,按要求在实地选定点位。当利用旧点时,应对旧点的稳定性、完好性,以及该点觇标是否具有安全与可用性进行检查,符合要求方可利用。

(8)网形设计应有利于同步观测边、点联测。

(9)当所选点位需要进行水准联测时,要求选点人员实地踏勘水准路线,并加以确定。

(二)标志埋设

GPS网点一般应埋设具有中心标志的标石,以精确标志点位;点的标石和标志必须稳定、坚固以利于长久保存和利用。在基岩裸露地区,可以直接在基岩上嵌入金属标志。点名一般取村名、山名、地名、单位名,并向当地政府或群众进行调查后确定。利用原有旧点时,点名不宜更改。每个点位标石埋设结束后，应填写点之记，并提交以下资料：

(1)GPS点之记。

(2)GPS网的选点略图。

(3)土地占用批准文件与测量标志委托保管书。

(4)选点与埋石工作技术总结。

二、观测作业

(一)主要技术指标

GPS观测与常规测量在技术要求上有很大差别，各级GPS测量基本技术规定按表2-1～表2-3的规定执行，对城市及工程GPS控制在作业中应按表2-4～表2-5有关技术指标执行。

(二)天线安置

(1)在正常点位，天线基座安置在三脚架上，整平、对中后，天线架设在天线基座上。

(2)在特殊点位，当天线需要安置在三角点觇标的观测台或回光台上时，应先将觇标顶部拆除，以防止对GPS信号的遮挡。这时，可将标志中心反投射到观测台或回光台上，作为安置天线的依据。如果觇标顶部无法拆除，接收天线若安置在标架内观测，可能会造成卫星信号中断，影响GPS测量精度。在这种情况下，可进行偏心观测。偏心点选在离三角点100m以内的地方，归心元素应以解析法精密测定。

(3)刮风天气安置天线时，应将天线进行3个方向固定，以防倒地碰坏。雷雨天气安置天线时，注意将其地盘接地，以防雷击天线。

(4)架设天线不宜过低，一般应距地面1m以上。天线架设好后，在圆盘天线间隔120°的3个方向分别量取天线高，3次测量结果之差不应超过3mm，取其3次结果的平均值记入测量手簿，天线高取值至毫米。

(5)在高精度GPS测量中，要求测定气象元素。每时段气象观测应不少于3次(时段开始、中间、结束)。气压读至0.1mbar(1mbar=10^2Pa)，气温读至0.1℃，对一般城市及工程测量只记录天气状况。

(6)复查点名并记入测量手簿，将天线电缆与仪器连接正确后，才能通电开机。

(三)开机观测

观测作业目的是捕获GPS卫星信号，并对其进行跟踪、处理和测量，以获得所需要的定位信息和观测数据。

接收机开机后，锁定卫星并开始记录数据，观测员按照仪器随机提供的操作手册进行输入和查询操作，一般在正常接收过程中禁止更改任何设置参数。

通常来说，在外业观测工作中，仪器操作人员应注意以下事项：

(1)开机后，接收机有关指示正常并通过自检后，方能输入有关测站和时段控制信息。

(2)接收机在开始记录数据后，注意查看有关观测卫星数量、卫星号、相位测量残差、实时定位结果及其变化、存储介质记录等情况。

(3)一个时段观测过程中不允许进行以下操作，即：关闭又重新启动；进行自测试(发现故障除外)；改变卫星高度角；改变天线位置；改变数据采样间隔；按动关闭文件和删除文件等功能键。

(4)每一观测时段中,气象元素一般应在始、中、末各观测记录一次,当时段较长时可适当增加观测次数。

(5)在观测过程中要特别注意供电情况,除在出测前认真检查电池容量是否充足外,作业中观测人员不要远离接收机,听到仪器的低电压报警要及时予以处理,否则可能会造成仪器内部数据的破坏或丢失。对观测时段较长的观测工作,建议尽量采用太阳能电池板或汽车电瓶进行供电。

(6)仪器高要按规定始、中、末各测量一次,并及时输入仪器及记入测量手簿。

(7)接收机在观测过程中不要靠近接收机使用对讲机;雷雨季节架设天线要防止雷击,雷雨过境时应关机停测,并卸下天线。

(8)观测站的全部预定作业项目,经检查均已按规定完成,且记录与资料完整无误后方可迁站。

(9)观测过程中要随时查看仪器内存或硬盘容量,每日观测结束后,应及时将数据转存至计算机硬盘上,确保观测数据不丢失。

(四)观测记录

在外业 GPS 观测中,所有信息资料均须妥善记录。记录形式主要有以下两种。

1. 观测记录

观测记录由 GPS 接收机自动进行,均记录在存储介质(如硬盘、硬卡或记忆卡等)上,主要内容有载波相位观测值及相应的观测历元、同一历元的测码伪距观测值、GPS 卫星星历及卫星钟差参数、实时绝对定位结果、测站控制信息及接收机工作状态信息。

2. 测量手簿

测量手簿是在接收机启动前及观测过程中,由观测者随时填写的。其记录格式在现行《规范》和《城市规范》中略有差别,视具体工作内容选择进行。为便于使用,这里列出《城市规范》中 GNSS 网观测记录格式供参考。

观测记录和测量手簿都是 GPS 精密定位的依据,必须认真、及时填写,坚决杜绝事后补记或追记。

接收机内存数据文件在转录到外存介质上时,不得进行任何剔除或删改,不得调用任何对数据实施重新加工组合的操作指令。外业观测中存储介质上的数据文件应及时拷贝,一式两份,分别保存在专人保管的防水、防静电的资料箱内。存储介质的外面应贴制标签,注明文件名、网区名、点名、时段名、采集日期、测量手簿编号等。

第三节　静态 GPS 观测

目前,在 GPS 静态测量中,常用的接收机有:国际上较为知名的生产厂商有美国天宝(Trimble),瑞士徕卡测量系统(Leica Geosystems),日本拓普康(TOPCON),中国的广州南方测绘、广州中海达、上海华测等。随着俄罗斯 GLONASS、欧盟 Galilleo 和中国 Compass 等全球导航卫星系统的发展,更多具有兼容性的接收机投入使用。本章以科研、工程和教学中常用到的徕卡系列和南方测绘灵锐系列为代表,介绍静态GPS测量操作方法。

一、徕卡静态观测

徕卡GPS较早有System 530系列、System 1200系统,目前配置有Leica GR 25大地型GNSS接收机。进行静态观测的操作主要有如下几步。

(一)建立配置集

目的:根据每次工作或任务的具体特点和要求,对接收机的一系列参数进行设置,以"自主命名"方式在接收机内部形成一个参数配置文件。

(1)长按Power键2~3秒,指示灯亮后放手,即可开机(或按手簿面板上的PROG键)。

(2)选择管理(3 Manage...)(图2-1)。

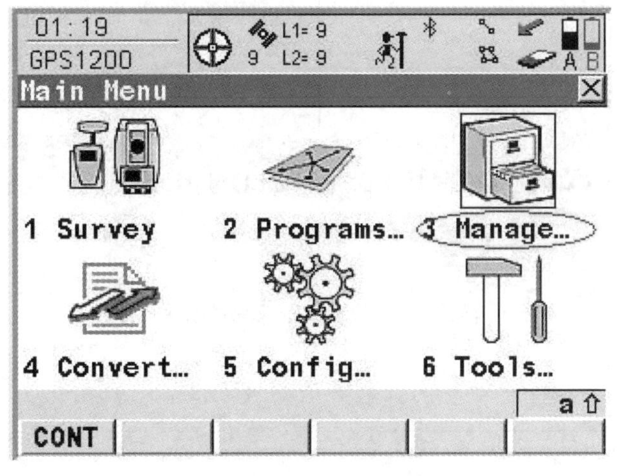

图2-1　管理

(3)选择配置集(5 Configuration Set),按CONT(F1)继续(图2-2)。

所有的配置集都在这个菜单下进行,可以进行新建、修改、删除操作。根据工作及个人要求进行配置。

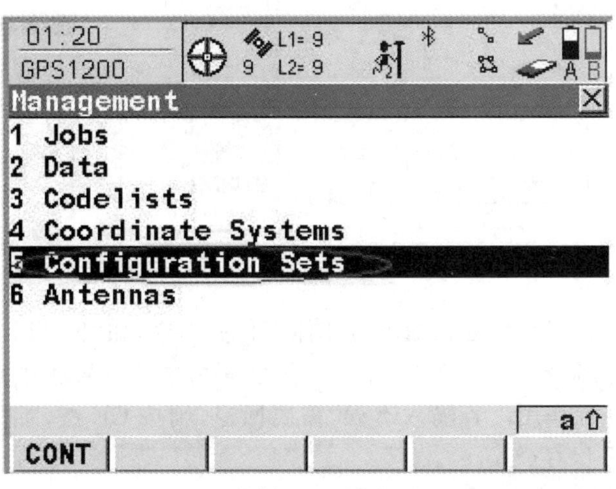

图2-2　配置集

(4)按 F2 新建(New)(图 2-3)。

新建一个适合自己具体任务要求的配置集。很多情况下,如果任务类型相似,通常可借用以前的配置集。但正确的做法是对拟借用的配置集再进行一次检查,确保其所有的参数设置符合新任务的要求。

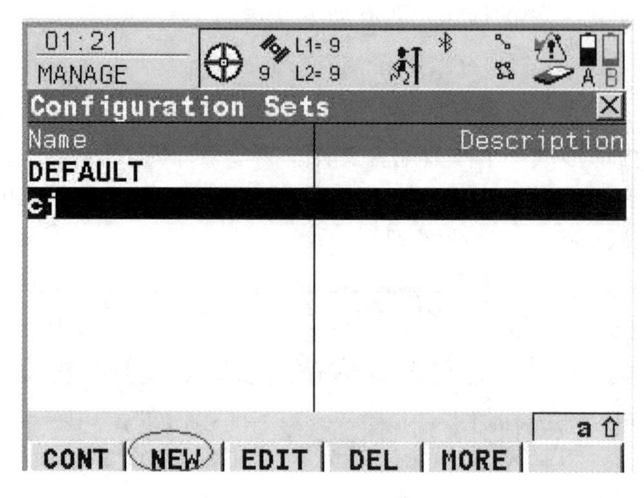

图 2-3　新建工程

(5)New Configuration Set 新配置集设置(图 2-4)。

配置集名称 Name

配置集描述 Description

创建者 Creator

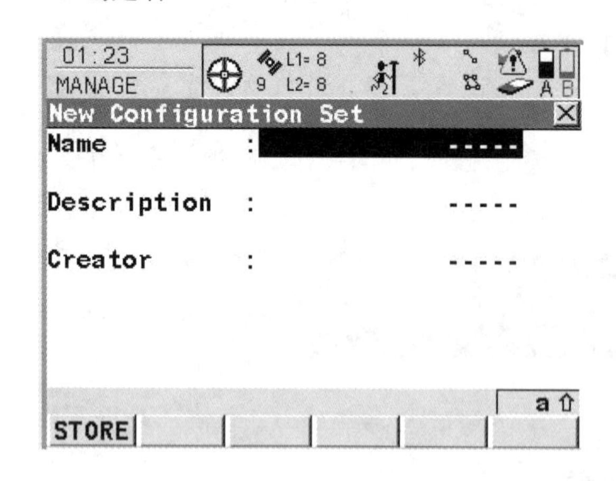

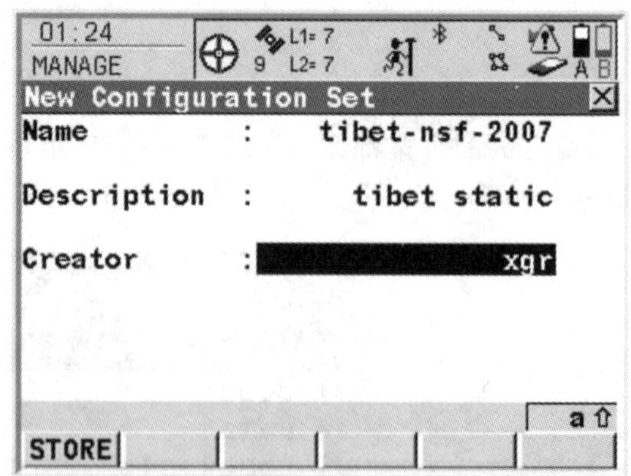

图 2-4　新建配置集

对配置集进行命名和说明,建议命名应能体现任务内容,如“ECIT Camp GPS”,避免“My Sets”“Project1”等含糊命名。对于重要的数据采集,最好能将配置集中描述、创建者信息全部补全,对以后工作起一定作用。若输入有误,需要回退,则按 CE 键,手簿面板上的“CE”为单个字符删除键。按 F1 保存(Store)。

(6)进入向导(Wizard Mode)模式,选择查看所有内容(View All Screens)(图 2-5)。

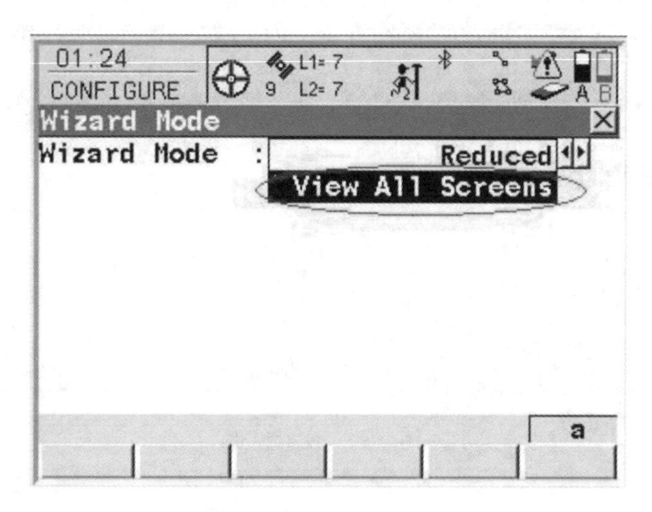

图2-5　向导模式

原则上建议采用向导模式查看所有内容，若对有些参数的默认设置已有把握其能够满足自己的要求，则可采用简化的模式(Reduced)，跳过那些参数的设置。按F1继续。

(7)Language on Instrument 语言默认(English)，按F1继续(图2-6)。

显示的语言，可根据自己的喜好进行相应选择(如果要选择中文，则需要将光盘上的文件拷贝到CF卡的\System\目录下，然后升级设备。具体升级方法及注意事项，后面将专门叙述)。

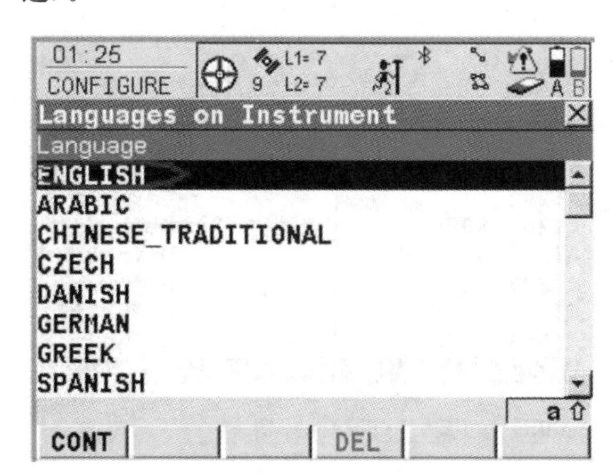

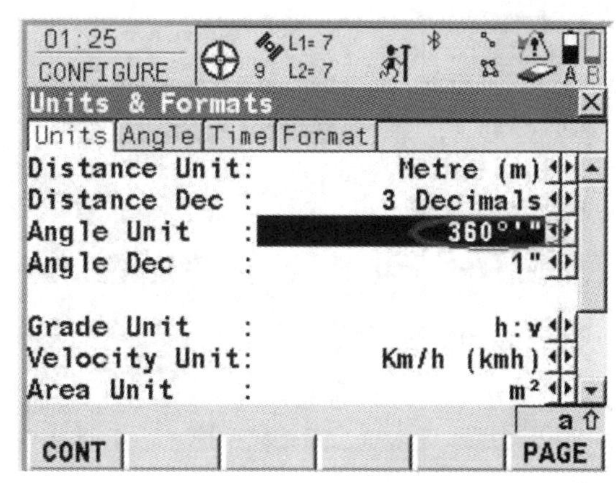

图2-6　语言与单位

(8)Units and Formats 单位和格式。

设置一系列单位和取位，如距离、角度、面积等。其中：角度单位(Angle Unit)通常选360° ′ ″，角度取位(Angle Dec)通常选0.1″(图2-6)。

这样设置较符合我们的常规习惯，可以直接在接收机的显示中看到经纬度的度、分、秒。按F1继续。

(9)R-Time Mode 实时模式(图2-7)。

选择无(None)，表示进行静态测量。按F1继续。

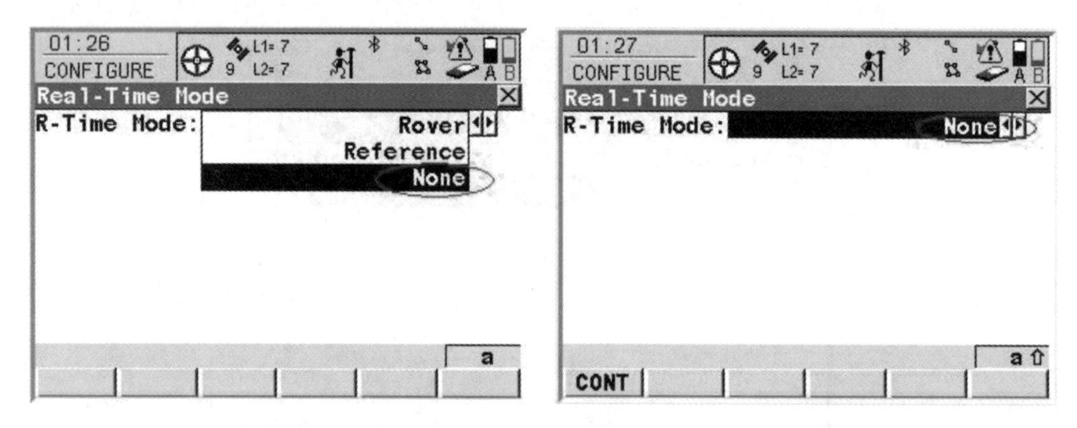

图 2-7　实时模式

(10)Antenna & Antenna Heights 天线和天线高(图 2-8)。

根据实际使用天线类型型号进行配置,一般在天线上都有标注,选择相应的即可。如果选 Pillar(强制归心标墩),天线高需根据具体情况,自行测量(对于 Chockring 天线,天线高通常量取墩面至天线“最底面”的垂距,数据处理时,软件会根据相应的天线模型,补加天线“最底面”至实际相位中心的距离)。若采用三角架观测(AT504 Tripod),则表示接收机已默认考虑补加 Leica 量尺的“挂钩起点”至天线“最底面”之间的垂距(0.36m)。此时需要量取和输入的仪器高,应为量尺器的直接读数。同样,数据处理时,软件会根据相应的天线模型,进一步补加天线“最底面”至实际相位中心的垂距改正。按 F1 继续。

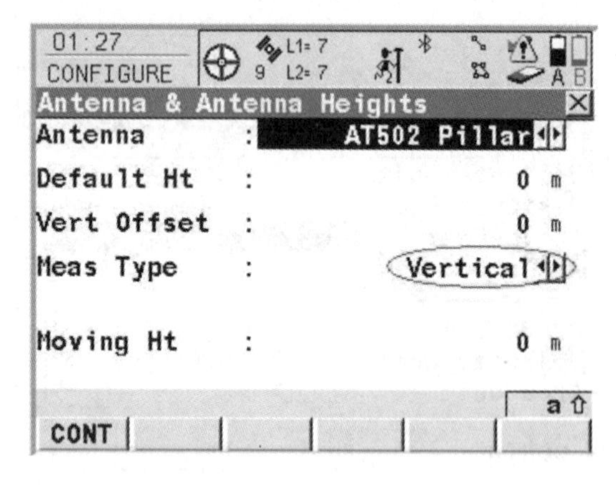

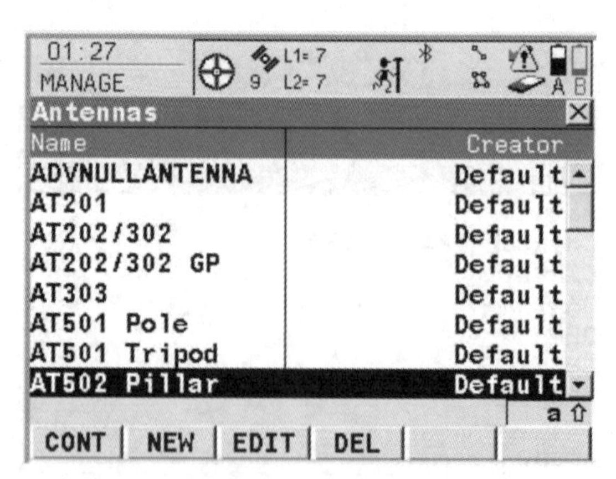

图 2-8　天线设置

(11)Display Settings 显示设置,默认,按 F1 继续(图 2-9)。

面板上的显示内容,熟练之后可以自定义在测量时显示面板上的内容,按 F3(DMASK),然后选择对应的项进行设置。

若在配置中设置了在第二行显示 PDOP 内容,则以后在面板上将显示 PDOP 的值。

(12)Coding & Linework 编码设置,默认,按 F1 继续。

静态测量一般不需要设置此项配置,设置成 Never 即可。

(13)Logging of Raw Obs 记录原始观测数据(图 2-10)。

记录原始数据 Log Raw Obs　　仅静态(Static Only)

记录速率 Log Rate　　10.0s

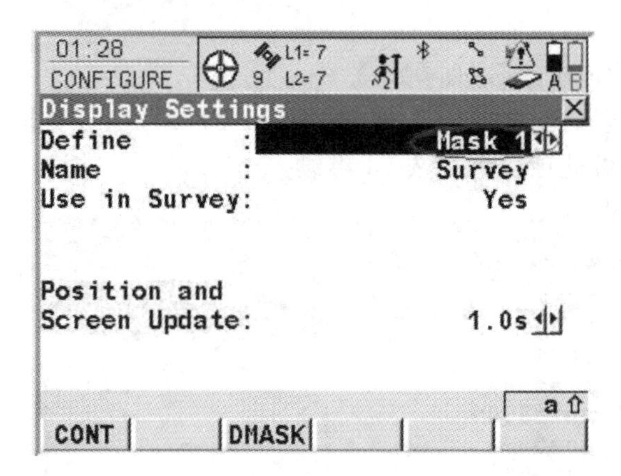

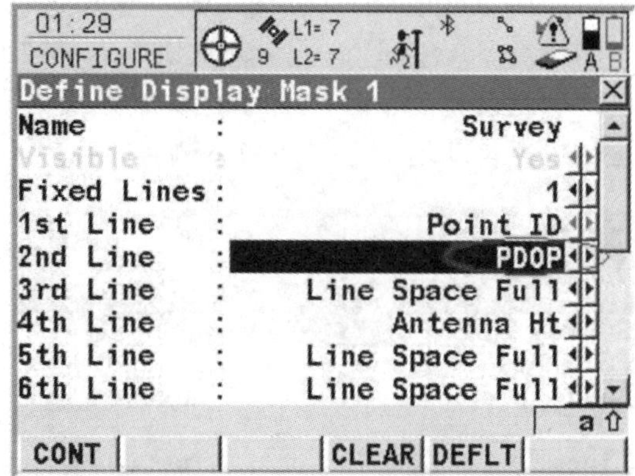

图 2-9　显示设置

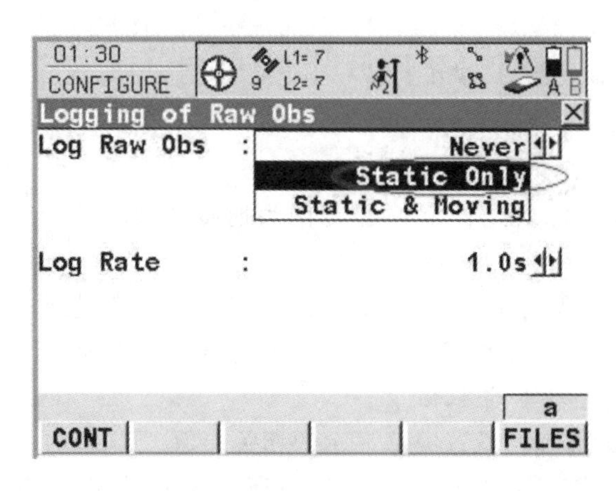

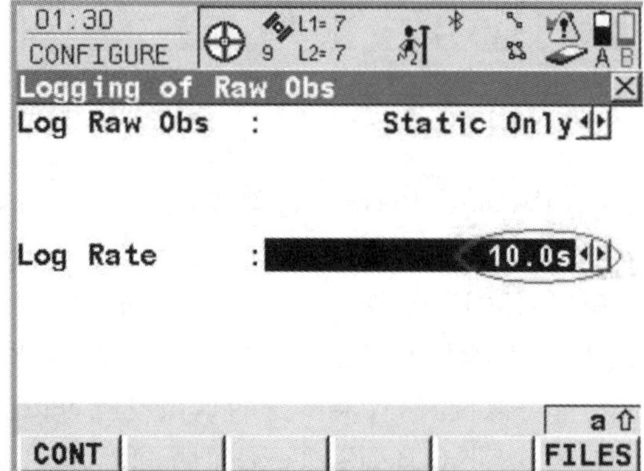

图 2-10　记录原始观测数据

记录速率就是数据采样间隔,即多长时间记录一个原始数据历元。根据需要进行设置,多台接收机进行静态测量时,记录速率必须设置成一样。若进行 24 小时类型的标准地壳形变流动观测(Campaign),一般将采样率选为 30 秒即可。若有其他特殊需求,并有足够存储空间,可选择更高的采样率,如 1 秒。观测后利用软件,可将数据整理成各种采样率。按 F1 继续。

(14)Point Occupation Settings 点观测设置。

点观测 PtOccupation　　正常(Normal)

自动观测 Auto Occupy　　否

自动停止 Auto Stop　　否

点观测选择正常即可,还有一项是选择一开机就开始观测,如果设置了采样间隔就不需要设置开机即观测,只须正常即可,这项设置主要是适用于有计划地进行一些长期参考站的观测(如定时开始观测、自动存储数据、自动停止观测等)。按 F1 继续。

(15)Quality Control Settings 质量控制,默认,按 F1 继续。

这项是设置测量限差，静态一般不需要设置。做RTK时设置了限差，则测量若超限，仪器会提示。

(16)ID Template ID模板(图2-11)。

测量点 Survey Pts　　0001(以后点都按此依次编号，如0002)

这项是设置测量时按点号的增加方式，若选用没有模板(No Template Used)，则点号按默认的方式自动增加。一般静态测量时可以不做此项设置。按F1继续。

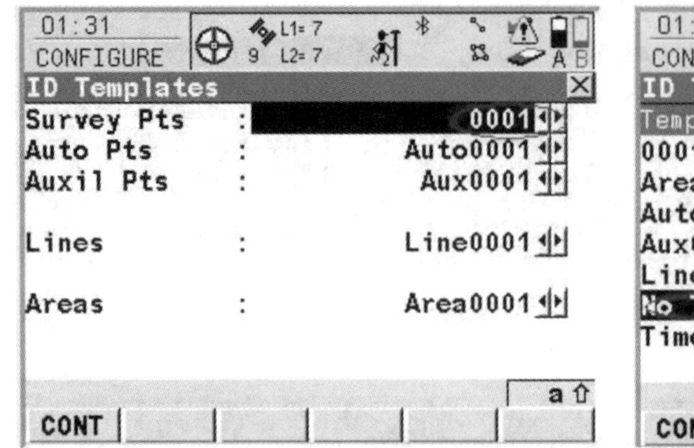

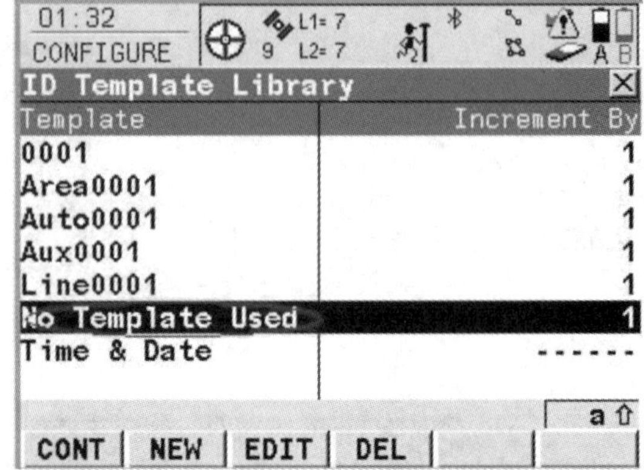

图2-11　测量模板

(17)Seismic Recording 地震记录，选择否，按F1继续。此项是专门为地震观测准备一些信息，如果没有特别要求，选择不记录。

(18)Hot Keys & User Menu 热键和用户菜单，默认，按F1继续。用来设置快捷键所对应的功能，在测量时可按快捷键打开一些需要查看的功能窗口，而不需要退出测量界面。F7～F12都可以设置，仪器本身的默认设置可以满足基本的要求。

(19)Display，Beeps，Text 照明，默认，按F1继续。设置屏幕显示的相关参数。

(20)Start Up & Power Down 开机和关机，默认，按F1继续。开机所进入的界面，一般是设置成主菜单，也可以设置成"测量"或其他功能。

(21)Satellite Settings 卫星设置(图2-12)。

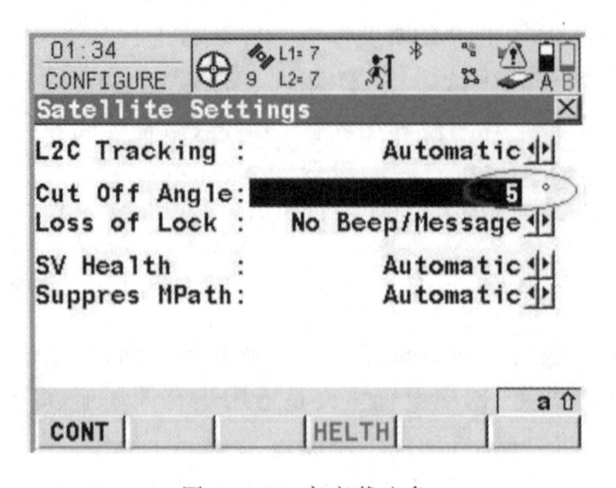

图2-12　高度截止角

高度角 Cut Off Angle　　5°(按测量要求设置)

其他默认,按 F1 继续。

高度角即卫星高度角限值,设置成 5°,则卫星高度角在 5°以下的卫星的信号将拒绝接收,在数据处理里可以改变高度角(如改为 10°),软件将自动剔除小于指定高度角的卫星数据。

(22)Local Time Zone 当地时区。

时区 Time Zone　　+8:00(北京时间)

(23)Instrument ID 仪器号设置(图 2-13)。

根据仪器背面的序列号输入最后 4 位,按 F1 继续。完成配置集设置之后自动存储。

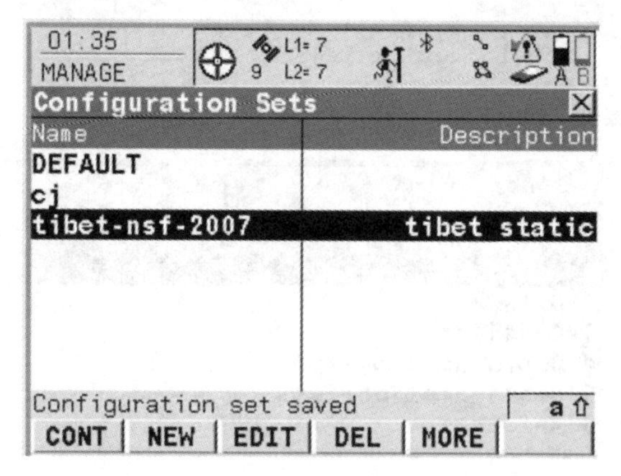

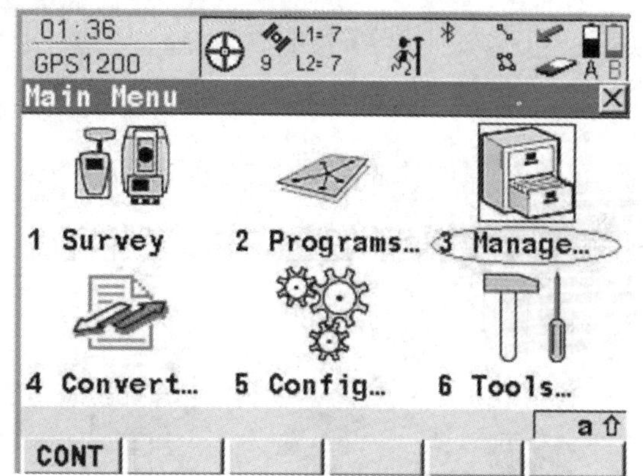

图 2-13　回到主界面

(24)若需要修改配置,则按如下操作(图 2-14、图 2-15)。

管理(3 Manage)→选择配置集(5 Configuration Set)→选择需要修改的配置集(上下三角形键)→F3 编辑(Edit)

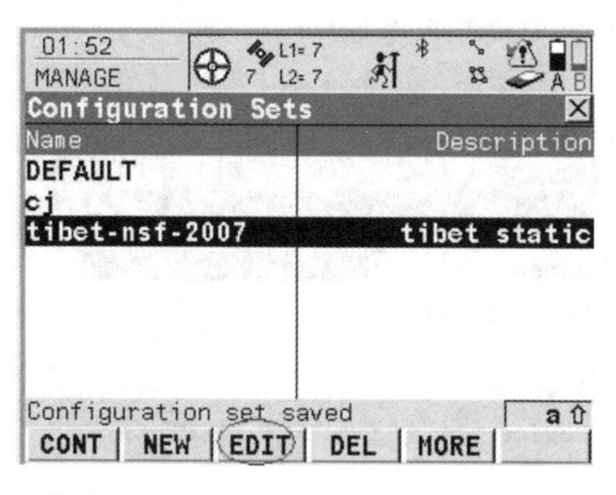

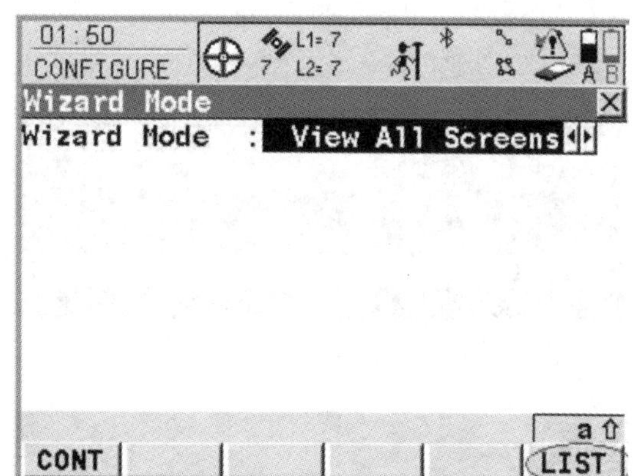

图 2-14　修改配置

→F6 列表显示(List)→选择修改项→F3 编辑(Edit)→F1 继续→全部修改完毕→F1 保存

(二)新建作业

(1)管理(3 Manage),按 F1 继续(图 2-16)。

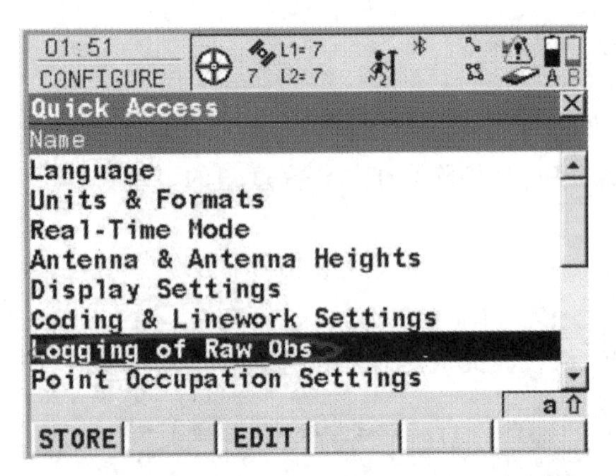

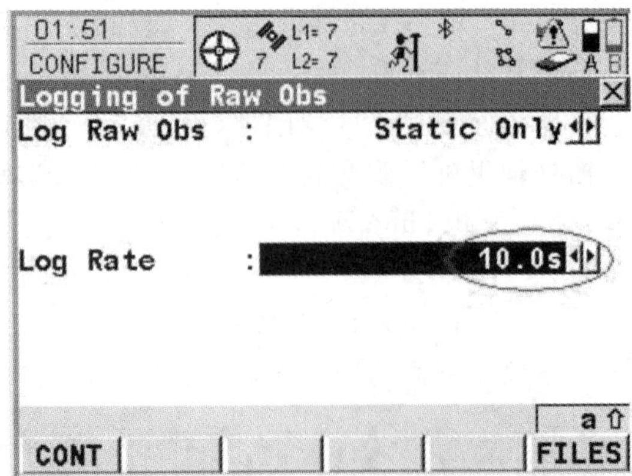

图 2-15　编辑采样率

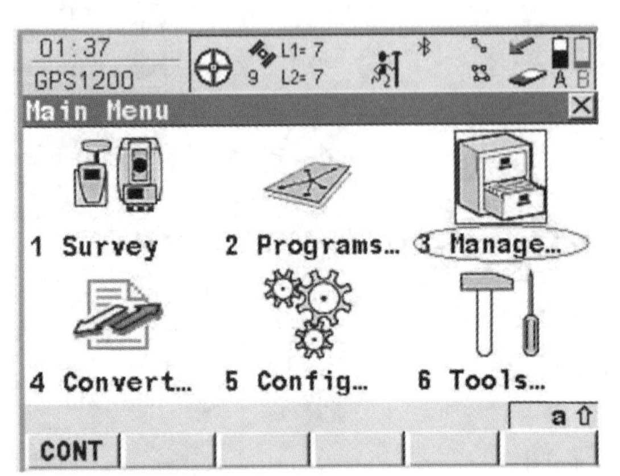

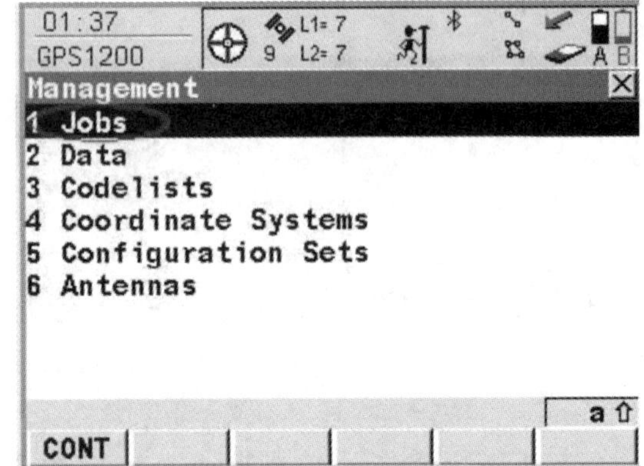

图 2-16　新建作业

(2)作业(1 Jobs),按 F1 继续。选择 Jobs,点击 CONT,进入下一步。

(3)F2 新建(New)(图 2-17)。

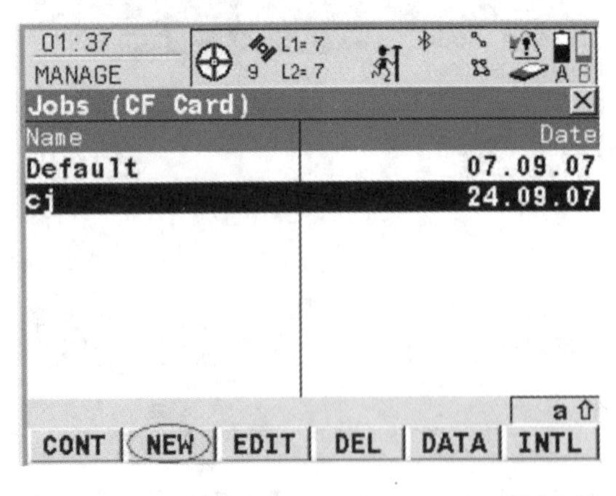

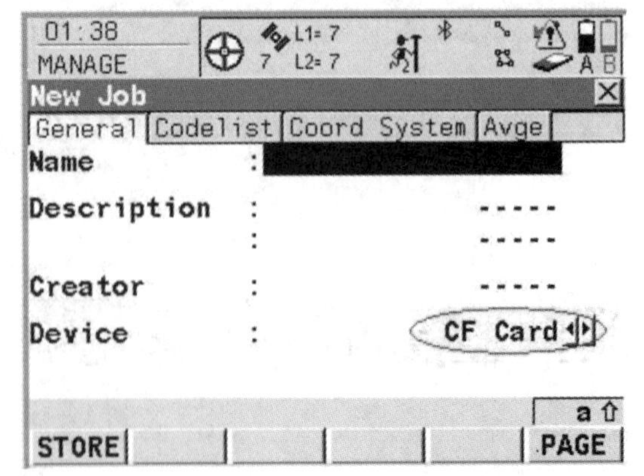

图 2-17　作业描述

作业名称 Name

作业描述 Description

创建人 Creator

设备 Device　　CF Card(必选)

设备项必须选 CF Card,否则数据有可能不会存储到卡上(图 2-18)。

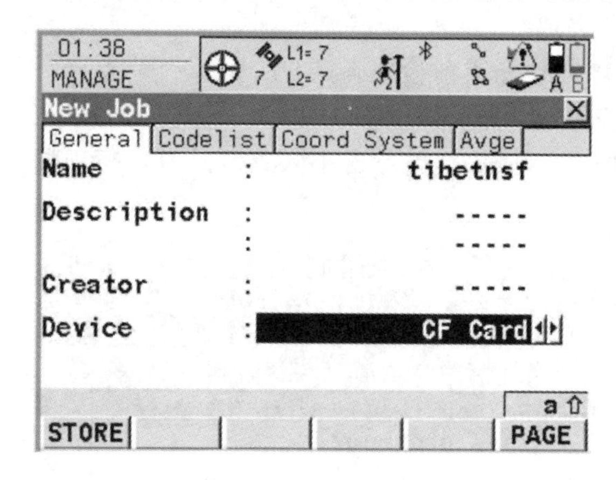

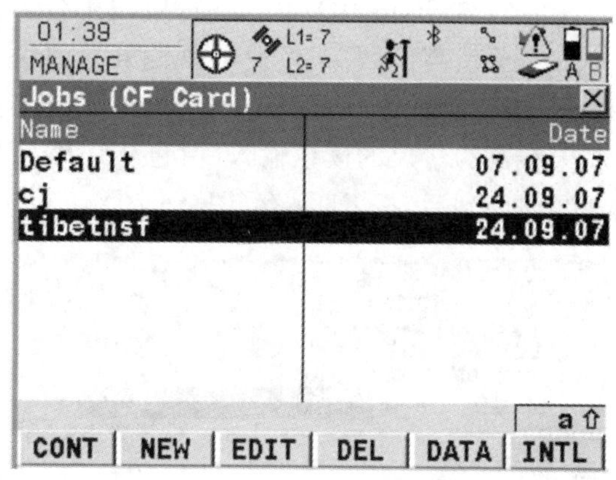

图 2-18　选择作业

按 F1 保存后继续。

(4)选择新建作业,按 F1 继续,回到主菜单。

若需要修改,则按如下操作:

管理(3 Manage)→作业(1 Jobs)→选择需要修改的作业 Job→F3 编辑(Edit)→F6 翻页(Page)→全部修改完毕→F1 保存→F1 继续

回到主菜单。

(三)静态测量

(1)测量(1 Survey),按 F1 继续。

(2)开始测量(图 2-19)。

作业(Jobs)　　选择新建好的作业

配置集(Configuration Set)　　选择设置好的配置集

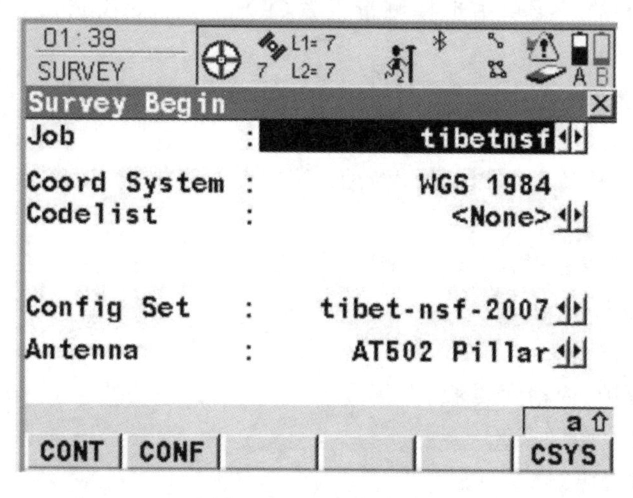

图 2-19　开始测量

天线(Antenna)

(3)按F6选择坐标系WGS-84,按F1继续。

(4)测量。

点名(Point ID)　　一般用4个字符表示

天线高　　观测开始前输入,观测结束前检查确认

点代码(CODE)　　一般用4个字符表示,同点名

天线高为量尺的读数输入(白色标志线),按F1观测,可以点击小人查看是否进行观测。当观测时间到后,按F1保存(图2-20)。

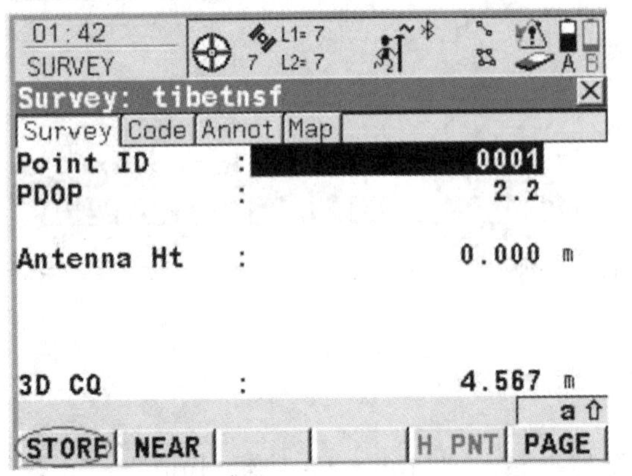

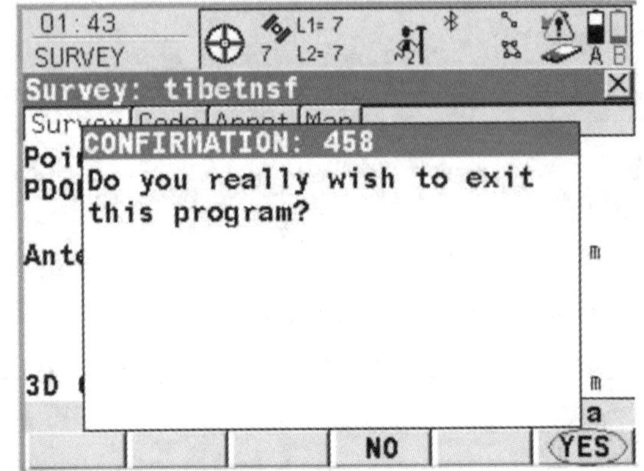

图2-20　观测结束

退回到主菜单。关机搬站。下一站如上继续进行。

(四)静态Ring Buffer测量

用途:用于工程测量,且点位不多时可采用。

(1)架设并连接好接收机,量取仪器高。

(2)开机,选择配置菜单(5 Config...),按F1(CONT)继续。

(3)在配置菜单下的子菜单中选择测量设置(1 Survey Setting...),按F1(CONT)继续(图2-21)。

(4)在选择的测量子菜单中选择环缓冲(8 Ring Buffer),按F1(CONT)继续。

(5)环缓冲设置。

缓冲号:第一个点设置为0,以后依次增加(第二个点为1…)

配置:(Overall Length)

采样率:1秒(按工程要求)

Dynmics:选择静态(Static)

设备:CF Card(必选)

数据间隔 :30分钟(依精度要求)

按F3(Start)继续(图2-22)。

(6)弹出提示,选择F6(YES)。

提示删除当前环缓冲中的数据,那些数据是以前做的,确定即可。

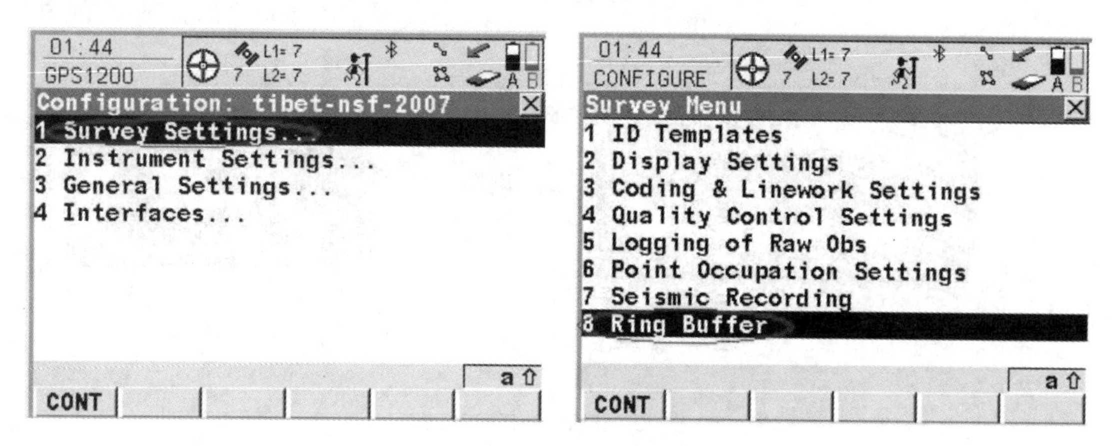

图2-21 Ring Buffer测量

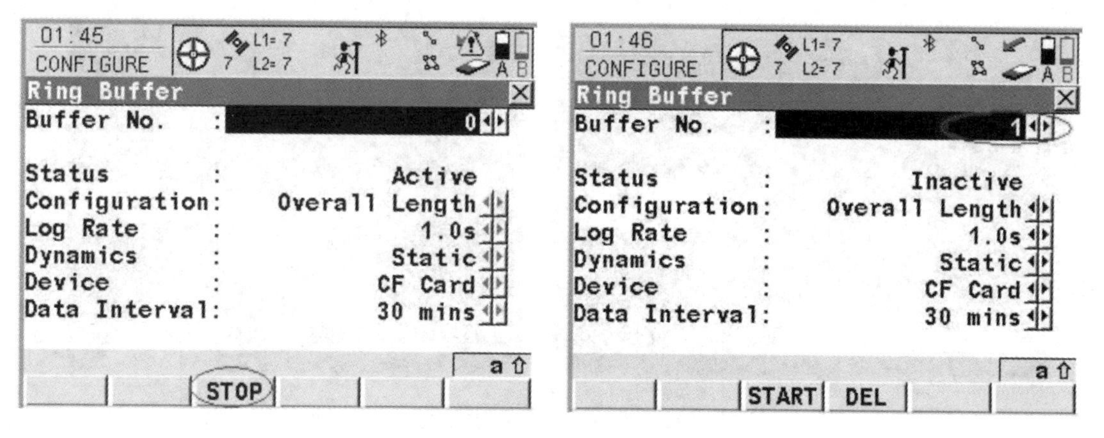

图2-22 完成观测

(7)观测时间到了之后按F3(Stop),搬站观测另外一个点,不同之处在于将环号修改为了1,以后依次增加。若需要查看数据,可以按面板上(USER),查看相关信息。

二、天宝静态观测

作为早期天宝公司的GPS接收机产品,天宝4700等型号的接收机天线和主机是分离的,需要连接线加以连接,而天宝5800以后的接收机天线、主机是集成一体的,接收机整体体积变小,重量减轻,操作更简便。天宝NetRS、NetR8/9为分体式,设置相对简便。

面板上主要有方向键、开机键、确认键及重置键。按一下电源键,左侧电源键常亮,显示面板上显示卫星数、电源蓄电量、参考站名。如果有默认的数据采集会话,则数据会记录。若观测完毕,则按下电源键等待3秒,变为0后松开关机(图2-23)。

(一)天线安置

(1)在测站上架设三脚架,安置基座,对中整平。

(2)将天线连接器安置在基座上,GPS天线连接到天线连接器上。

(3)用天线电缆连接GPS天线和接收机。

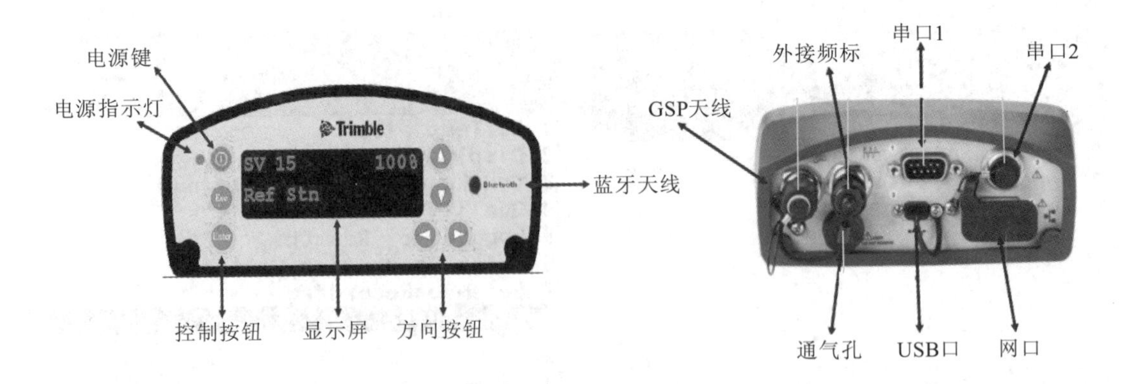

图2-23　天宝NetR9正反面

(4)确认架设好并连线正确后，测量天线斜高，从测站中心到天线槽口(图2-24)。

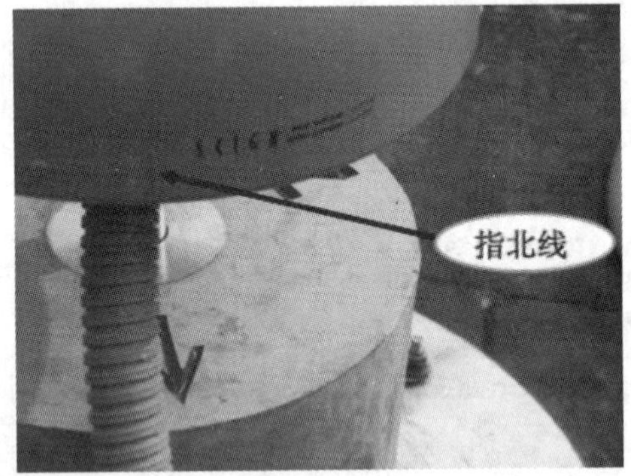

图2-24　天线高和指北线

(二)配置接收机IP地址

在主屏幕上，按Enter键，按向右方向键，使Ref Stn Setup信息闪烁；按向下键，选择Ethernet Config。按Enter键，编辑该配置。出现DHCP菜单。按向左键，使选项闪烁；按向上或向下键，浏览各选项，选择Disable以禁用动态IP。完成后按Enter键进入下一屏幕。

出现IP Address屏幕，按向右方向键，编辑IP地址；按向左或向右方向键，选择将编辑的数字，使之闪烁；随后按向上或向下方向键，更改该数字(注：从右开始，将IP地址编辑完整)。完成后，按Enter键。按两次Enter键进入下一屏幕。

显示Subnet Mask屏幕，按向右方向键，编辑子网掩码地址；按向左或向右方向键，选择将编辑的数字；随便按向上或向下方向键，更改该数字。完成后，按Enter键。按两次Enter键进入下一屏幕。

显示Gateway屏幕，按向右方向键，编辑默认的网关地址；按向左或向右方向键，选择将编辑的数字；随后按向上或向下方向键，更改该数字。完成后，按两次Enter键。出现主屏幕，以太网设置完成。完成后重启接收机，以使设置生效。

(三)配置电脑IP地址

打开控制面板，选择网络和Internet，选择网络连接，点击右键本地连接属性，选中TCP/

IPv4，点击属性，在常规窗口中输入 IP 地址、DNS 等相关信息（图 2-25）。

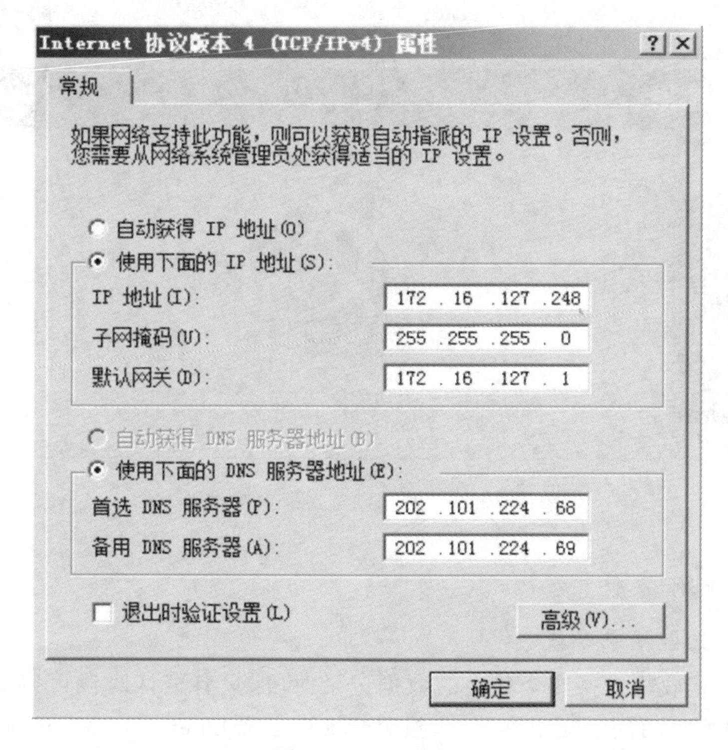

图 2-25　IP 设置

如使用 IP 为 172.16.127.248，子网掩码为 255.255.255.0，默认网关为 172.16.127.1，DNS 为 202.101.224.68，备用 DNS 输入 202.101.224.69。

需要将接收机 IP 地址设置与电脑 IP 设置为同一网段。所谓同一网段，如果接收机的 IP 地址是 172.16.127.248，那么要配置接收机的笔记本电脑或台式计算机的 IP 地址应该是 172.16.127.×××，其中×××是该网段 254 个 IP 地址之间的一个数，但不能是网关的 IP 地址 172.16.127.248。

（四）连接接收机

打开浏览器，在地址栏内输入接收机设置的上述 IP 地址，如 172.128.91.17，出现图 2-26所示界面。可以选择国旗图标，更改语言模式。之后可以点击左侧项目栏的接收机状态，再点击活动项，可以看到如电源的相关信息：端口 2 指示了插在接收机后面板串口 2 上的电源供电状态，在此查看给接收机供电的电源电量以及当前电压（直流不间断电源供电电压一般为 18V 左右），电池 1 指示了接收机内置电池的电量和电压（内置电池供电电压一般为 8.2V）。点击项目栏的接收机状态，点击标识，输入站点名，如 TJBH。

点击项目栏的接收机配置项，点击天线项，在天线栏下拉菜单选择 GNSS Choke w/SCIS Dome；输入本站的天线序列号：4921353148；选择天线测量方法：选择天线座底部；天线高度量取为输入实际量取的天线安装后的垂直高。

其余的依次设置参考站、跟踪项、常规项、默认语言等。

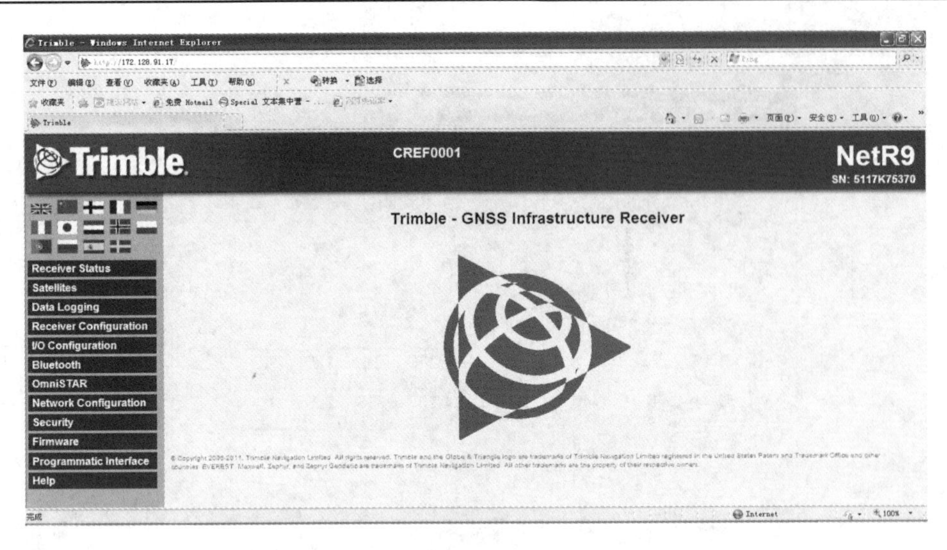

图 2-26 利用浏览器配置接收机

(五)静态观测

1. 通过面板设置记录时段

天宝 NetR9 接收机支持 8 个独立的数据记录时段,只有默认时段可以通过面板设置,其他时段可以通过面板启用。在主屏幕上,按 Enter 键出现 Operation Mode 屏幕。因为参考站为默认设置,不断按 Enter 键,在菜单选项中移动直到显示 Logging 。在 Logging 屏幕上,可编辑默认记录时段的设置值。按向右方向键,编辑默认时段的记录速率;按向上或向下方向键,选择所需的速率;随后按 Enter 键。按向下方向键,移至记录速率字段;按向右方向键,编辑记录速率;按向下方向键选择所需的速率。按 Enter 键保存新的设置值。按 Enter 键进入下一屏幕,出现 Logging Session 屏幕。按向右方向键,更改将启用的时段;按向上或向下方向键,浏览时段名称。当所需的时段名称显示时,按 Enter 键进行编辑(注:如尚未使用 Web 界面设置其他时段,您只能选择"默认"时段)。按向下方向键移至 On/Off 字段;按向右方向键编辑设置值;按向下方向键将设置值更改为所需状态。完成后按 Enter 键进入下一屏幕。

2. 通过浏览器设置记录时段

点击项目栏里的数据记录,点击内容栏的新时段按钮,进入下一个界面,在数据记录配置中进行设置:时段名称一般以采样率命名,如 30s;勾选启用,进度表设置成连续,持续时间(即记录多久生成一个文件)设置为 60 分钟,采样率根据需要设置,如 30 秒。剩下的默认即可,设置好后如图 2-27 所示。

三、南方静态观测

南方 S86 GPS 接收机将接收单元、数据采集单元、电源、电台等合为一体。高品质液晶屏、全合金外壳、三防设计使 S86 GPS 接收机可适应各种恶劣的气候,一体化的设计使其极为坚固且电磁兼容性能优良,先进的基准站内置发射电台技术,使基准站摆脱沉重电瓶和线缆并实现全无线作业,能满足简便的操作,更适合野外测量。S86 GPS 面板前置功能键如表 2-6 所示。

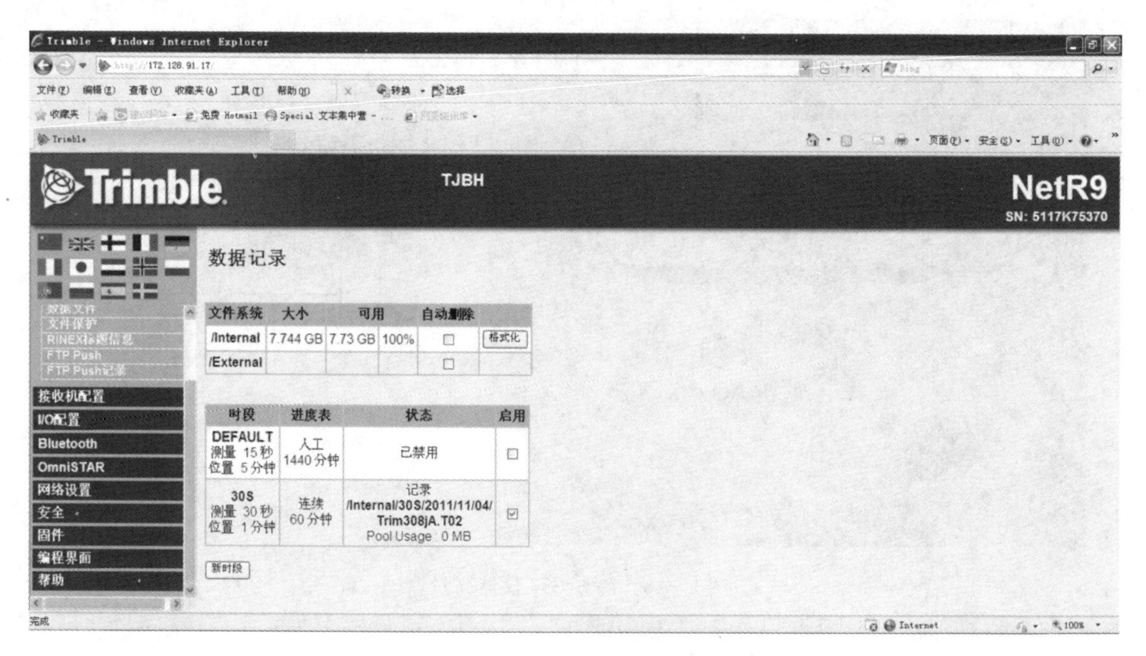

图 2－27　设置观测会话

表 2－6　南方 S86 按键功能表

项 目	功 能	作用或状态
开机键	开关机、确定、修改	开机、关机、确定修改项目、选择修改内容
F1 或 F2 键	翻页、返回	一般为选择修改项目，返回上一级界面
重置键	强制关机	特殊情况下关机键，不会影响已采集数据
DATA 灯	数据传输灯	按采集间隔或发射间隔闪烁
BT 灯	蓝牙灯	蓝牙状态连接成功时 BT 灯长亮
RX 灯	收信号指示灯	按发射间隔闪烁
TX 灯	发信号指示灯	按发射间隔闪烁

(一)仪器架设

将仪器安置在需要测量的控制点上，高度适中，脚架踏实，安装好测高片，再连接仪器，然后进行对中整平。完成后量取天线高，通常采用测高片量至标志点中心的顶端(图 2－28)。

量取天线高前将测高片夹在连接头与主机之间。

量取后，在数据处理软件中设置天线高为测高片模式，软件会自动更正为正确的垂直天线高。

(二)静态数据采集

默认开机时 S86 为移动站模式，进行静态数据采集时需要设置静态采集模式，主要需要进

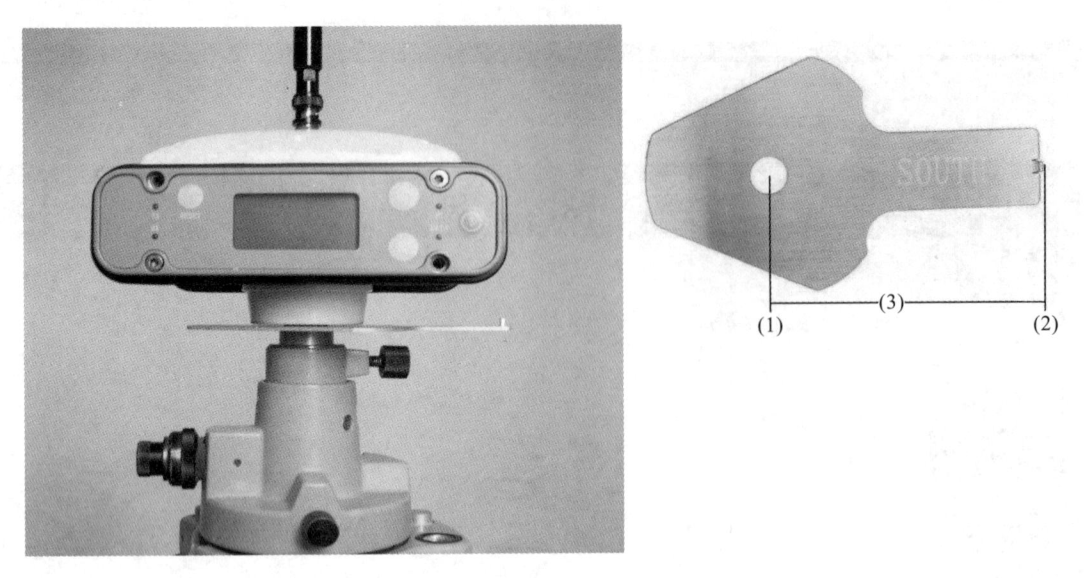

图 2-28　南方 S86 仪器高量取

(1)连接孔;(2)量测点;(3)连接孔中心到量测点的距离 $L=120\text{mm}$

行工作模式设置、参数设置等步骤。

1. 设置模式界面

开机后按 F2 或 F1 键,进入设置模式界面,按 F1 或 F2 进行选择,按电源键确认(图 2-29)。

2. 设置工作模式

按 F1 或 F2 键可选择静态模式、基准站工作模式、移动站工作模式以及返回设置模式主菜单(图 2-29)。

图 2-29　南方 S86 设置工作模式

3. 静态模式参数设置

进入静态工作模式可选择静态模式参数设置,选择修改进入参数设置接口(图 2-30)。

按电源键可分别进入截止角、采样间隔、采集模式的设置(图 2-31)。

4. 静态测量

在设置模式下选择工作模式为静态,主机重启后进入静态模式,如选择手动模式,则需要按 F1 然后再次按 F1 确定进入采集模式。如选择自动模式,重新开机后自动进行数据采集。静态模式下一共有 3 个界面轮流切换来分别显示锁定卫星的信息(图 2-32)。

选择数据采集后,进入采集界面,如果需结束采集,按下 F1 会提示是否确认采集结束。

图 2－30　南方 S86 静态模式参数设置 1

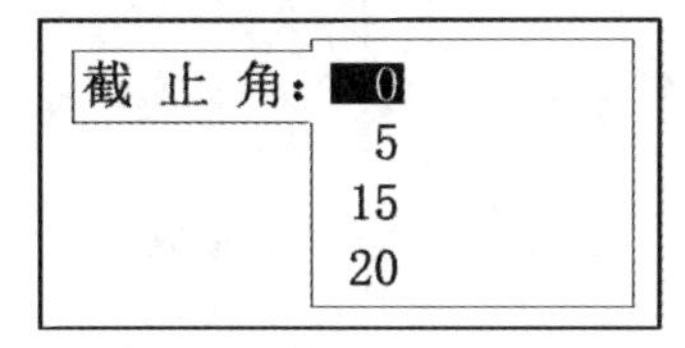

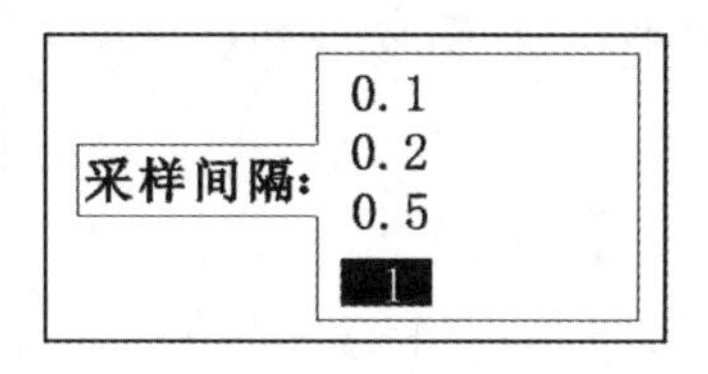

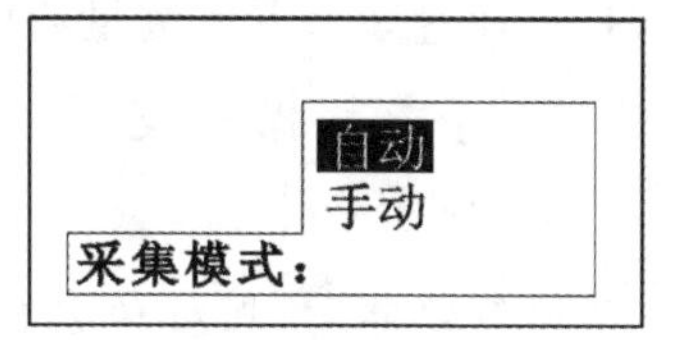

图 2－31　南方 S86 静态模式参数设置 2

注意：同时工作的几台 S86 主机高度截止角、采集间隔最好保证一致，即同样的设置值。

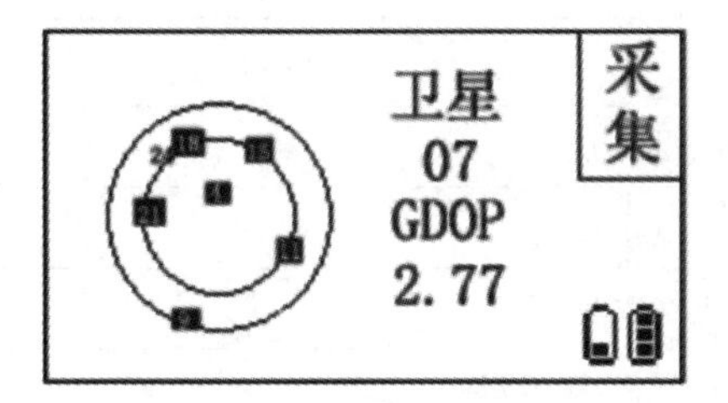

图 2－32　静态模式下的测量界面

再次按下 F1 后会提示正在关闭文件(图 2－33)。

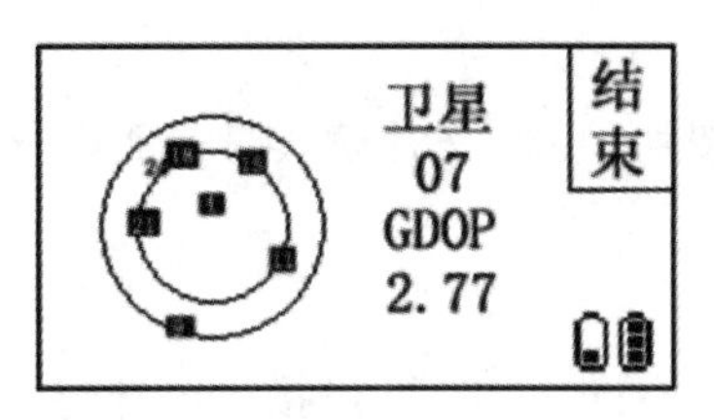

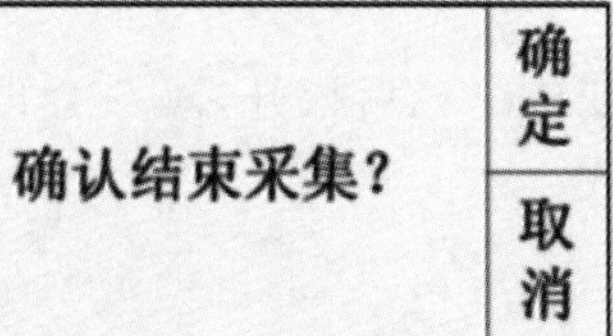

图 2－33　南方 S86 结束测量界面

四、华测静态观测

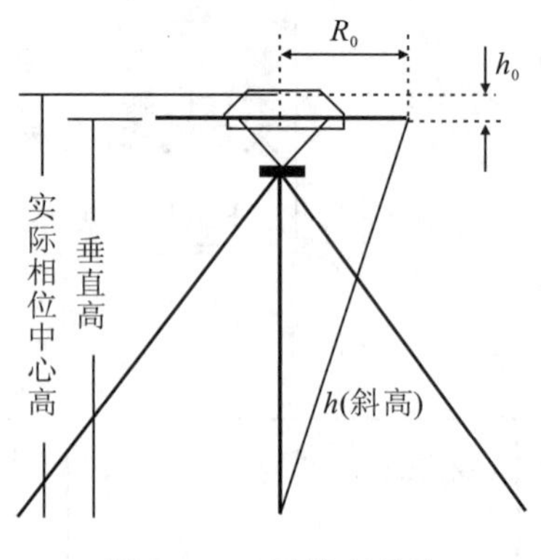

图 2-34 天线高量取

(一)仪器架设

将仪器安置在需要测量的控制点上，高度适中，脚架踏实，然后进行对中整平。完成后量取天线高，通常采用量测仪器的斜高，到天线护圈中心(接收蓝色线位置)，并且通过 3 个方向测量后取平均值(图 2-34)。

(二)静态数据采集

1. 开机

连接好仪器后，按红色开机键开机，4 个指示灯同时闪烁，然后是红色指示灯(从左至右第 1 个指示灯)一直亮，卫星跟踪指示灯(第 2 个指示灯)隔一定间隔闪烁多次，数据指示灯(第 4 个指示灯)黄色。模式灯(第 3 个指示灯)开机时会亮。华测功能键说明如表 2-7 所示。

表 2-7 华测功能键说明

类型	工作状态	接收机
电源灯	长亮	电量正常
	闪烁	电量不足
卫星灯	熄灭或间隔 5 秒闪一次	正在收星
	间隔 5 秒闪 N 次	收到 N 颗卫星
差分信号灯	间隔 1 秒闪烁	正在发送差分数据(基准站)
		正在接收差分数据(流动站)
数据采集灯	静态模式下 N 秒间隔闪烁	正在按 N 秒采样间隔采集静态数据
	与外部设备连接时闪烁	正在与外部设备通信
切换键	静态模式	按住不放，直到数据灯熄灭时松开
	RTK 模式	按住不放，直到 4 个灯同时闪烁时松开

注：检查接收机处于何种工作模式。快速按下切换键时，信号灯亮为静态模式；快速按下切换键时，数据灯亮为 RTK 模式。

2. 静态模式设置

长按绿色切换键，使模式灯变成绿色后松开，隔一会再轻按切换键，查看模式灯是否为绿色，若为绿色说明为静态测量模式。

3. 测量

进入静态测量模式后，按照要求进行相应时长的数据采集。采集完毕后，可按住电源键直接关机，也可以再次按住切换键不放直至 4 个灯闪烁结束静态模式(设置为自动静态模式时不能这样操作)。

在结束前再次从 3 个方向测量天线高，记录平均值。

五、中海达静态观测

中海达V系列接收机主机面板有按键2个，F键（功能键）和电源键；指示灯3个，分别为电源、卫星、状态（图2-35）。按键和指示灯的功能和含义如表2-8所示。

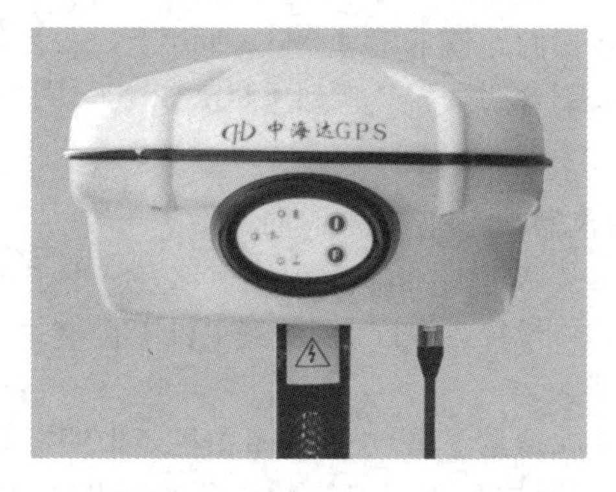

图2-35　中海达接收机

表2-8　中海达功能键说明

方式	卫星灯（单绿灯）	信号灯（双灯之绿灯）	说明
基准站	●	○	●亮
移动站	○	●	○灭
静态	●	●	

各指示灯的详细说明如表2-9所示。

表2-9　指示灯说明

操作	含义	
电源灯（红色）	常亮	正常电压：内电池＞7.2V，外电＞11V
	慢闪	欠压：内电池≤7.2V，外电≤11V
	快闪	指示电量：每分钟快闪1～4下指示电量
信号灯（状态绿灯）	常灭	外挂、UHF、基准站
	常亮	GSM连接上服务器
	慢闪	GSM时指示已登陆上GPRS网
	快闪	静态时发生错误
数据灯（状态红灯）	慢闪	1. 数据链收发数据（移动站只提示接收，基站只提示发射）
		2. 静态采集到数据
卫星灯（绿色）	常亮	卫星锁定
	慢闪	搜星或卫星失锁

按电源键1秒，所有指示灯全亮，开机音乐响起，语音提示上次关机前的工作模式和数据链方式；关机长按电源键3秒，所有指示灯熄灭，关机音乐响起，提示关机，结束测量。

（一）仪器架设

（1）在测量点架设仪器，对点器严格对中、整平。

（2）量取仪器高3次，各次间差值不超过3mm，取中数。仪器高应由测量点标石中心量至仪器上盖与下盖结合的橡胶圈最凸处。V系列主机天线半径0.099m，相位中心高0.04m。

（二）静态数据采集

（1）记录点名、仪器号、仪器高、开始观测时间。

（2）按电源键开机，连续按两下F键（间隔大于0.2秒、小于1秒）进入菜单，调成两个灯（卫星灯、接收灯）全亮之后，再短按电源键确定，将主机工作模式设置为静态模式。观察卫星灯、接收灯、电源灯的变化情况。

卫星灯——闪烁表示正在搜索卫星，快闪表示主机还未锁定卫星，卫星灯由闪烁转入长亮状态表示已锁定卫星，锁定卫星之后卫星灯隔约半分钟闪几下，闪的次数表示接收卫星的多少。

状态灯——每隔数秒采集，间隔默认是5秒（用户可通过V系列静态管理软件设定）闪一下，表示采集了一个历元。

（3）数据采集到规定时段长后，测量完成，结束关机，记录关机时间。

第三章　动态 RTK 测量与放样

第一节　RTK 概述

实时动态相对定位(Real - Time Kinematic,简称 GPS RTK)技术,是以载波相位作为基本观测量的差分定位技术。将一台 GPS 接收机安置在一个固定观测站(称为基准站),另一台接收机安置在运动的载体上(称为流动站),在运动过程中流动站与基准站的接收机进行同步观测,并从基准站实时发送测量的载波相位观测值、伪距观测值、基准站坐标等无线电信号给流动站,以确定流动站相对基准站的瞬时位置。其特点是可以实时得到运动点相应每一观测历元的瞬时位置。

(1)动态定位,就是在进行 GPS 定位时,接收机的天线在整个观测过程中的位置是变化的。也就是说,在数据处理时,将接收机天线的位置作为一个随时间的改变而改变的量。

(2)相对定位,又称为差分定位,这种定位模式采用两台以上的接收机,同时对一组相同的卫星进行观测,以确定接收机天线间的相互位置关系。

(3)实时定位,是根据接收机观测到的数据,实时地解算出接收机天线所在的位置。

(4)载波相位定位,所采用的观测值为 GPS 的载波相位观测值,即 L_1、L_2 或它们的某种线性组合。载波相位定位的优点是观测值的精度高,一般优于 2mm;其缺点是数据处理过程复杂,存在整周模糊度的问题。在 GPS RTK 中,载波相位的整周模糊度作为未知参数解算。

第二节　GPS RTK 测量原理

GPS RTK 测量是将一台 GPS 接收机和电台安置在基准站上进行观测。根据基准站已知的精密坐标,计算出基准站到卫星的距离改正数,并由基准站实时地将这一改正数发送出去。用户接收机在流动站进行 GPS 观测的同时,也接收到基准站的改正数,并对其定位结果进行改正,实时地求解用户站的位置。

GPS 定位中,存在着 3 部分误差。

(1)与接收卫星有关的误差:如卫星钟误差、星历误差。

(2)传播延迟误差:如电离层误差、对流层误差。

(3)接收机固有的误差:如内部噪声、通道延迟、多路径效应。

采用 GPS RTK 差分定位,可完全消除第一部分误差,可大部分消除第二部分误差(基准站至用户的距离在半径为 20km 范围内),从而达到提高定位精度的目的。

第三节　GPS RTK 测量系统组成

GPS RTK 测量系统组成主要由一台基准站 GPS 接收机、无线电数据链、一台以上流动站 GPS 接收机 3 部分构成。

1. 基准站 GPS 接收机

基准站 GPS 接收机包括接收机主机(包括电池和存储器)、天线和基准站发射电台(现在大多为内置)。由于电子手簿使用少,一般使用流动站的电子手簿进行基准站设置。

2. 流动站 GPS 接收机

可以使用多台 GPS 接收机在不同的流动站同时作业,每套流动站 GPS 接收机包括接收机主机(包括电池和存储器)及其天线、流动站接收差分信号的电台(现在大多为内置)及其天线和电子手簿。电子手簿用于建立项目、坐标系统,设置测量形式和参数,查看和储存测量坐标等信息,一般手持式更方便。

3. 无线电数据链

无线电数据链用于转发接收机信号,包括接收基准站发送的信号,再将接收信号放大后发送出去。一般电台发射天线安置在地势较高、尽可能覆盖作业区的位置。

第四节　南方 RTK 观测

一、设置基准站

架设好仪器,开机,按 F2 选中基准站设置后按电源键确定(图 3-1)。

图 3-1　设置基准站

选择修改进入参数设置接口,按电源键可分别进入差分格式、发射间隔、记录数据的设置(图 3-2)。

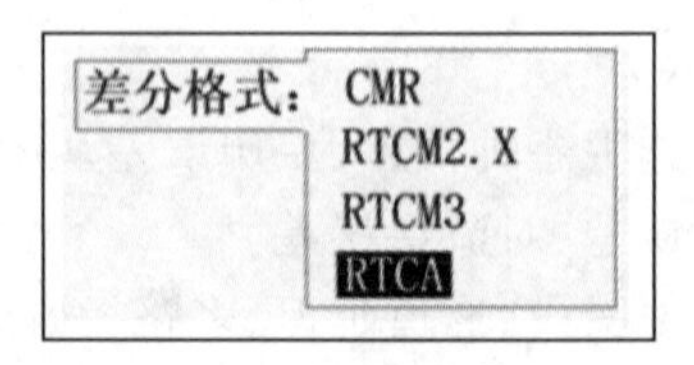

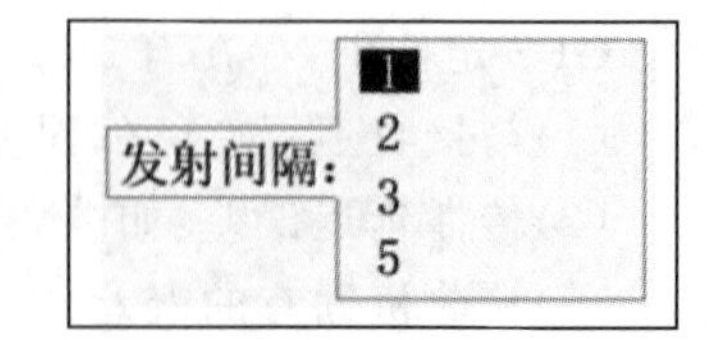

图 3-2　基准站参数设置

一般设置成不记录数据，设置完参数后返回界面，选择开始，则进入模块设置界面(图 3－3)。

图 3－3　模块设置界面

选择修改，即进入数据链修改界面，按电源键可分别选择内置电台、GPRS 网络、CDMA 网络、外接模块等模式，再次按电源键进入各种模式相应的界面，下面一一介绍。

1. 电台模式设置(图 3－4)

按下 F1 或 F2 选择通道，按电源键确认所选通道，确认后进入电台页面，按下 F2 即进入电台设置完成界面，选择开始，电台模式设置完成。

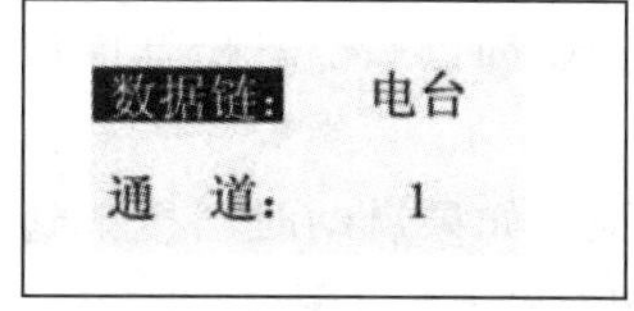

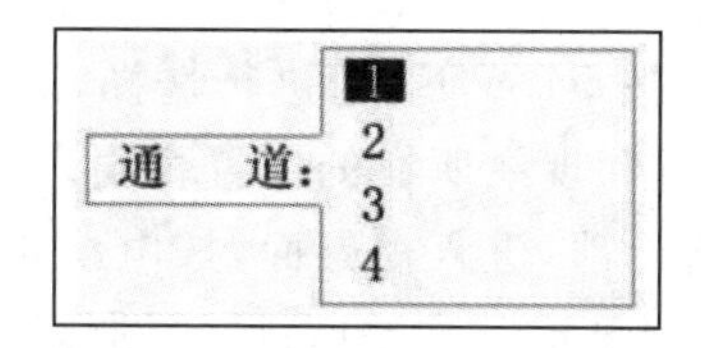

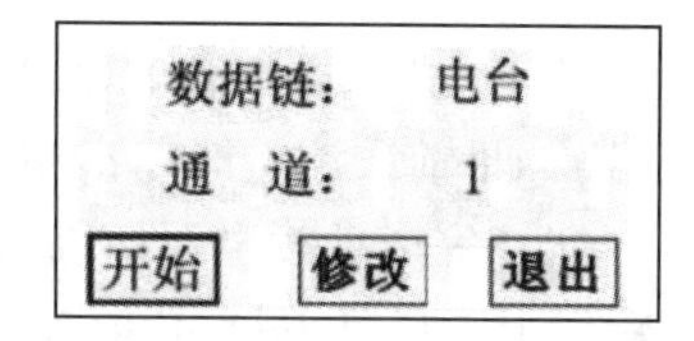

图 3－4　电台设置界面

2. GPRS 模式设置(图 3－5)

按 F2 切换至 GPRS 设置完成界面，选择开始按电源键，GPRS 模式设置完成。

图 3－5　GPRS 设置

3. CDMA 模式设置（图 3－6)

开始按 CDMA 模式设置完成。

图 3－6　CDMA 设置

4. 外接模块设置

方法和 GPRS、CDMA 模式设置方法一样，当选用外接电台时用此选项。

5. 移动站模式参数设置

移动站模式参数设置和基站模式设置方法相同,需要对基准站相应参数进行设置即可。

二、采集模式

1. 基准站模式

在设置模式下设置为基准站模式,重新开机后进入基准站模式(图 3-7)。

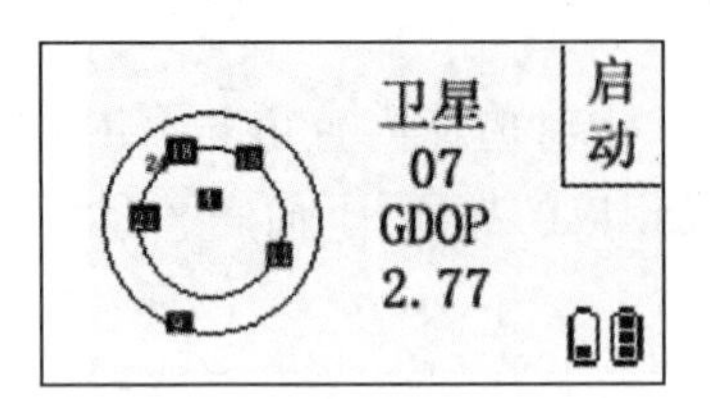

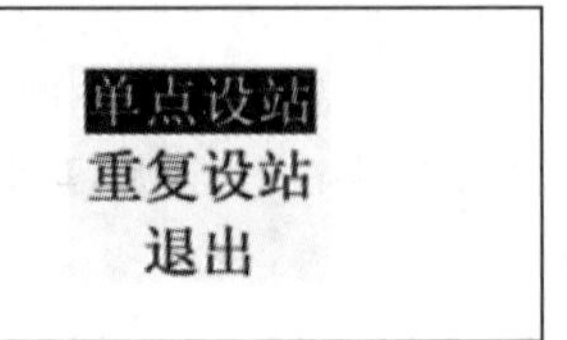

图 3-7　基准站模式

按 F1 进入启动基准站设置,按 F1 或 F2 可进行选择,选择单点设站即以当前点信息进行设站,如果前次测量时基准站位置和现在所在的位置相同,则可选重复设站。

选择完毕后按电源键确认所选项,进入主界面,按电源键选择开始,如果启动时已搜集到 4 颗以上卫星且 GDOP 值较小,则显示基准站启动,否则显示 GPS 坐标未确定(图 3-8)。

GPS坐标未确定

基准站启动

图 3-8　自启动基准站模式

2. 移动站模式

在设置模式下设置为移动站时,重新开机后进入移动站界面,如图 3-9 所示。

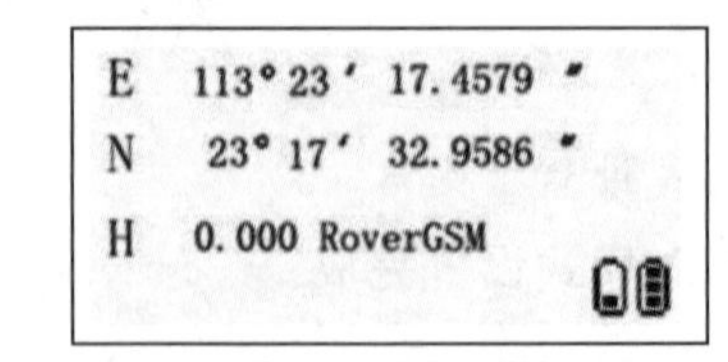

图 3-9　移动站模式

三、模块设置

在移动站模式下,按下电源键可进入模块设置界面,如图 3-10 所示。

注意:在基准站模式下,启动基准站后方可进入模块设置界面,且只能进入模块设置模式,不能改变工作模式。

当基准站和移动站连接上后,需要更改工作模式,如原来用的电台数据链,现在想改用

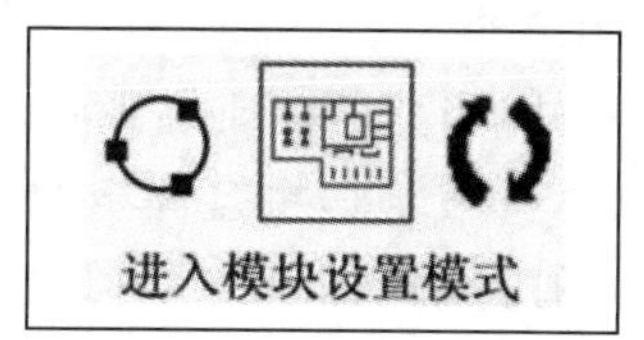

图 3-10 移动站模式设置

GPRS/CDMA 模块，或想改变电台通道等，则可以通过模块设置进行操作。如需要对电台、GPRS/CDMA 模块进行参数设置时，可选择进入模块设置模式。

按电源键后进入模块设置模式，按 F1 或 F2 可进行选择，分别有电台、GPRS 网络、外接模块 3 种设置，如图 3-11 所示。

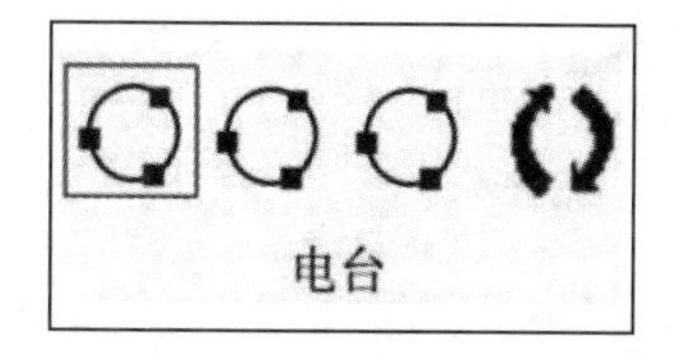

图 3-11 模块设置

按电源键即可开始在电脑上进行设置，设置完成后，按任意键即可退出设置，回到采集数据界面。

四、主机与手簿连接

先将接收机开机后，手簿开机，双击"我的设备"，选择控制面板，电源，内建设备，启用蓝牙设备(勾选)，双击蓝牙，搜索，双击与主机对应的 SN 号的名称。确定。双击工程之星，进入程序后弹出端口打开失败，请重新连接→OK→设置→连接仪器→选中输入端口→连接。在状态栏显示固定解时→点击望远镜→基站→查看差分格式→是否和基站的编号一致。如果基站号码正确，移动站达到固定解后，就可以进行新建工程、文件以及校正步骤。

五、数据采集

工程→新建工程→输入工程名称→OK→选择坐标系→下一步→输入当地的中央子午线→确定。工程→新建文件→输入文件名称(建议以当天日期为准)→OK。新建完工程及文件名后，进入下一步校正过程。

六、转换参数求解

1. 基站架设在已知点

基站架设在 1 号点，然后移动站到 2 号已知点上→设置→求转换参数→增加→输入 1 号点的已知坐标→OK→固定解的情况下点读取基准站坐标→输入基准站的仪器高→OK→OK→增加→输入 2 号点的已知坐标→OK→气泡居中且固定解的情况下点读取当前点坐标→输入移动站的仪器高→OK→OK→保存→任意输入个参数名(最好用工程名)→确定→应用。

2.基站架设在未知点

基站架设在未知点，然后移动站到1号已知点上后→设置→点求转换参数→增加→输入1号点的坐标→OK→气泡居中且固定情况下点读取当前点坐标→输入移动站的仪器高→OK→OK→保存→任意输入个参数名(最好是工程名)→确定→应用。

移动站到2号已知点上后→设置→增加→输入2号点的已知坐标→OK→气泡居中且固定的情况下点读取当前点坐标→输入移动站的仪器高→OK→OK→保存→可以替换上一步保存的参数名，也可以另起一个文件名→确定→应用。

七、数据采集

碎部测量：按A键→修改点名及天线高→确定(注：在第一次采集的时候要求输入点名及天线高，在第二次采集的时候就不用了)。

八、放样

1.点放样

测量→点放样→点带横线的图标→增加→输入要放样的坐标→OK→选中要放样的点→确定即可。

2.线放样

测量→线放样→点带横线的图标→增加→输入起点和终点的坐标→OK→选中刚增加的线→OK即可。

第五节 华测RTK观测

一、基准站架设

基站脚架和天线脚架之间应该保持至少3m的距离，避免电台干扰GPS信号。基准站应架设在地势较高、视野开阔的地方，避免高压线、变压器等强磁场，以利于UHF无线信号的传送和卫星信号的接收。若移动站距离较远，还需要增设电台天线加长杆(图3-12)。

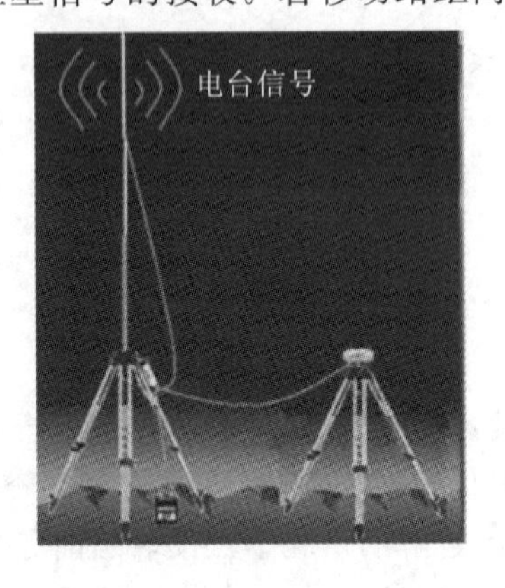

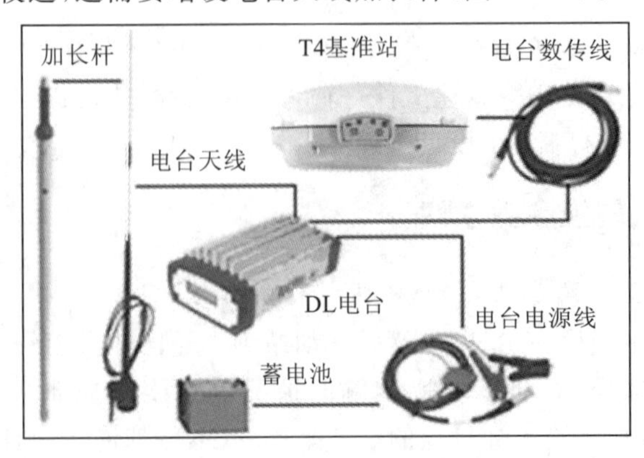

图3-12 基准站架设

电源线和蓄电池的连接要注意红正黑负，避免短路情况。电台连接要确保先接天线，避免没天线时发送信号被电台自身吸收导致烧坏。在连接线缆的时候，注意 Lemon 头红点对红点的连接。

二、基准站设置

工作模式设置

打开测地通，点击“配置→手簿端口配置”，连接类型选择“蓝牙”，点击“配置”，点击“搜索”，搜索蓝牙，绑定主机，点击确定，然后退出测地通。

打开 HCGpsSet，选中“用蓝牙”，打开端口，自启动基准站的设置方法如图 3－13 所示。

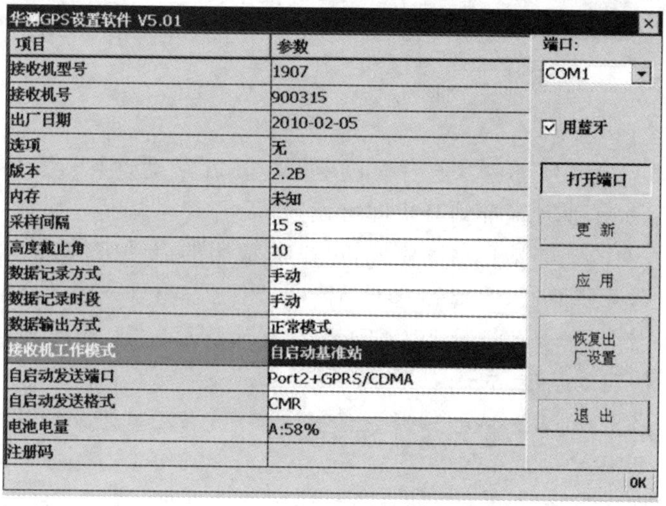

华测GPS设置软件 V5.01

项目	参数
接收机型号	1907
接收机号	900315
出厂日期	2010-02-05
选项	无
版本	2.2B
内存	未知
采样间隔	15 s
高度截止角	10
数据记录方式	手动
数据记录时段	手动
数据输出方式	正常模式
接收机工作模式	自启动基准站
自启动发送端口	Port2+GPRS/CDMA
自启动发送格式	CMR
电池电量	A:58%
注册码	

端口: COM1　☑ 用蓝牙　打开端口　更 新　应 用　恢复出厂设置　退 出　OK

图 3－13　自启动基站设置

连接成功后设置为“正常模式、自启动基准站、Port2＋GPRS/CDMA、CMR”后点应用即可，其他默认。设置完后，打开测地通，配置→手簿端口配置→配置蓝牙，将基准站的绑定取消，后将接收机重新开关机，基准站完成搜星后将自动发射差分信号。

注意：

(1)一定要把蓝牙绑定取消，否则当基站重启后，手簿打开测地通还会默认绑定基站，这样将导致基站不发送差分信号。

(2)如果基站设置成“自启动基准站”，以后无论在何处只要开机连上电台即可工作，无需其他设置，方便快捷，定位精度高。

三、电台设置

在电台模式下作业时，使用电台面板 Power 键打开电台，使用上下键和回车键进入设置菜单(图 3－14)。切换到功频，对功率和频率进行相应设置(图 3－15)。

选择功率设置，根据作业距离选定合适的功率，一般空旷地区 5W 作业距离即可达到 10km 左右，无需将功率设置过大，功率设置好后，再回到频率设置，选定发射频率，例如 458.050MHz，确定后退到初始界面。

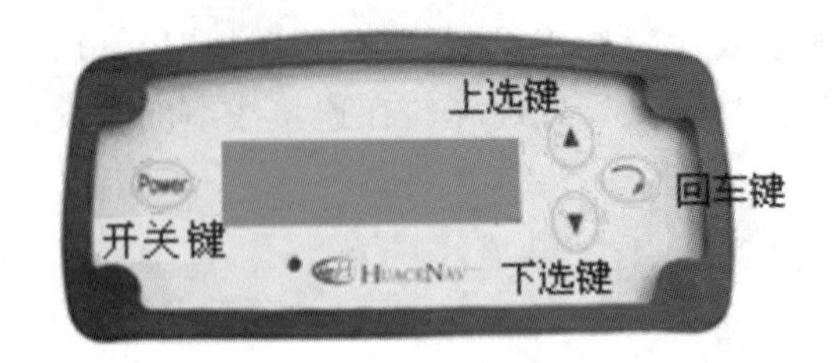

图 3－14　接收机面板

状态:　　信息▲
电压:12.1V设置▼

功率设置　　▲
频率设置　退出▼

功率:20.0 增加▲
减少 确定 退出▼

图 3－15　功能模块

查看电台电源灯,1 秒闪烁 1 次,电台面板上的电压在跳动,则表明基准站设置成功并正常发射差分数据。下次作业时基准站开机即可发射,无需重复设置。

以上方法是最方便的基准站自启动模式,也是最常用的启动方法,也可以采用手簿启动,在完成上述操作后,打开测地通,手簿和基准站配置连接后,测量→启动基准站接收机。

未知点启动时:点击“选项”,选择 WGS84 经纬度坐标后确定,输入基准站点名称,点击此处,以任意单点定位值启动基准站。

已知点启动时:点击“列表”,从已知坐标点中选择点,启动基准站(已知点启动,基准站架设需要严格的对中、整平)。

代码、天线高根据实际情况输入,或默认空,设置好启动坐标后点击确定(图 3－16)。

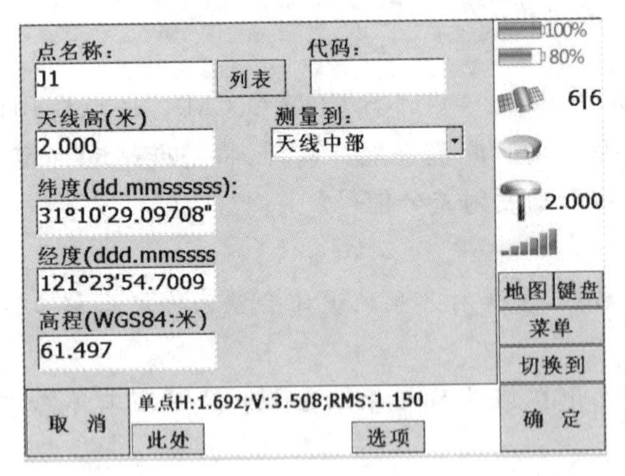

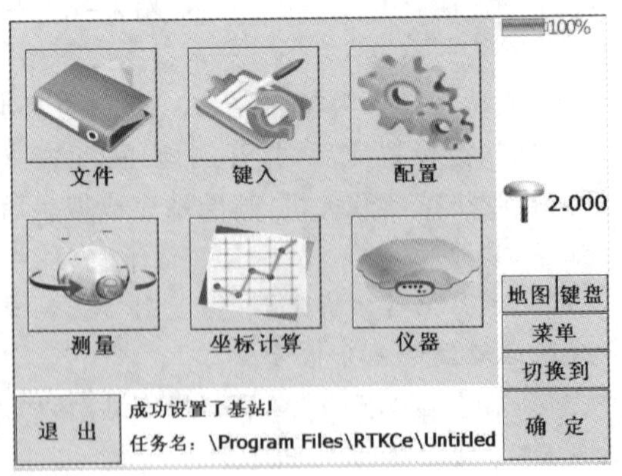

图 3－16　基准站设置

基准站启动成功后,显示“成功设置了基站!”这时电台发射灯也会随发送间隔闪烁。否则显示“设置基站不成功!”需重新启动基准站(一般来说,用已知点启动时,如果输入的已知点和单点定位相差很大时,会出现此情况,原因一般为中央子午线或所用坐标错误)。

对于电台不需要经常进行设置,除非调节其功率或频率。对于基站是否正常工作,可通过查看 DL3 电台灯(红灯),是否一秒一次地闪烁,电压是否正常跳动(一般功率在 20W 以内,电压跳动在1V以内)。

注意:基准站主机的差分信号灯闪并不完全表示基站成功,因为此灯闪只是表示数据从COM2端口发射(内部的设置)。如果用手簿启动,基站选项里如果把端口改为COM1端口时,信号灯是不闪烁的。因此,确定电台工作模式是否正常工作关键是DL3指示灯的情况。

四、移动站操作

对于电台作业模式下如果基准站发射成功,移动站会收到差分信号,通过查看移动站主机差分信号灯是否闪烁来判断,如果一秒一次,表示收到差分信号,如果手簿上没有显示,浮动或者固定,则要点击"测量→启动移动站接收机"即可。

如果仍不正常或没有获得差分信号做如下操作:

打开测地通,点击配置→手簿端口配置,连接类型选择蓝牙,点击配置,点击搜索,搜索蓝牙,绑定主机,退出测地通。打开HCGpsSet,选中用蓝牙,打开端口,根据图3-17更改接收机的设置。

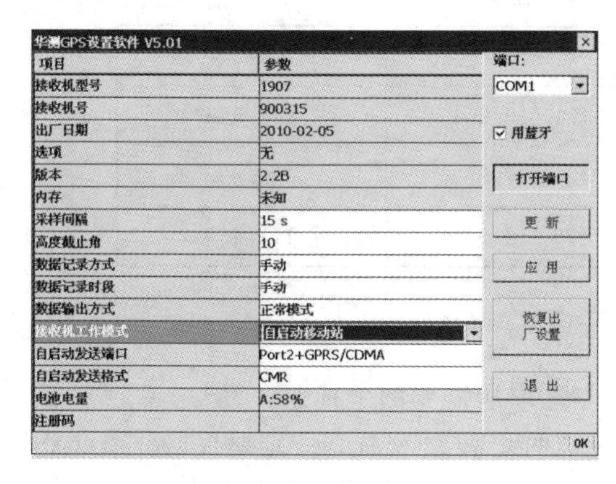

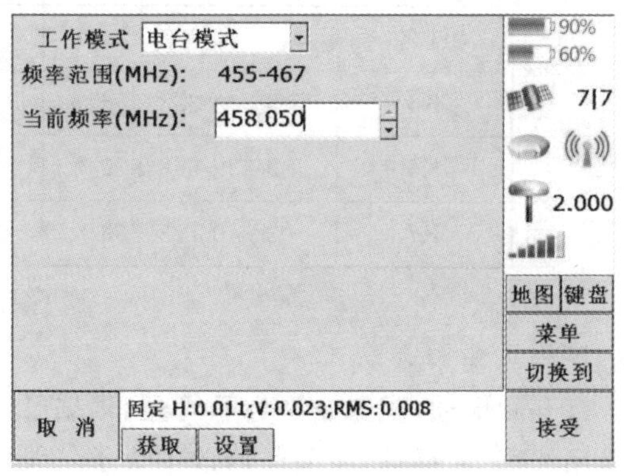

图3-17　移动站设置

设置结束后,点击应用,将接收机重新开关机,再打开手簿中测地通,点击"配置→移动站参数→内置电台和GPRS",根据基准站电台的发射频率,设置移动站的电台频率,如图3-17所示。

点击"设置 → 接受",退出到测地通初始界面,点击"配置→移动站参数→移动站选项",查看广播格式:CMR,点击测量→启动移动站接收机,当移动站信号灯一秒闪烁一次,表示收到差分数据。

移动站收到差分信号后会有一个"单点定位"→"浮动"→"固定"的RTK初始化过程。

(1)单点解——接收机未使用任何差分改正信息计算的3D坐标。

(2)浮动解——移动站接收机使用差分改正信息计算的当前相对坐标。但对于浮点解来讲,相位的整周模糊度参数未能固定为一整数,而是用浮点的估值来替代它。不建议在此情况下测点。

(3)固定解——在RTK模式下,整周模糊度参数固定后,移动站接收机计算当前的相对坐标。达到固定解后即可开始测量。

RTK初始化时间,根据卫星PDOP值、周围环境,基站距离或长或短,正常一般在开机后

90 秒左右。

五、RTK 测量

移动站在固定状态下，打开测地通，测量→点测量，在实际作业过程中，一般都采用当地坐标，在移动站得到固定解进行测量时，手簿测地通里所记录的点是未经过任何转换得到的平面坐标。若要得到和已有成果相符的坐标，需要做“点校正”，获取转换参数。下面以一个常用例子做演示。

注意：参与点校正的控制点一定要分布合理，避免线性分布，最好能覆盖整个测区，避免短边控制长边。

假设测区内有 K4、K5、K7 三个已知点具有地方坐标，但不具有 WGS84 坐标，已知条件如表 3－1 所示。

坐标系统：北京 54 坐标；中央子午线：120°；投影高度：0。

表 3－1　已知点坐标

点名	X	Y	Z
K4	3 846 323.456	471 415.201	116.345
K5	3 839 868.970	474 397.852	109.932
K7	3 840 713.658	473 917.956	108.419

1. 确定坐标系统

打开测地通，配置→坐标系管理，根据已知点选取所需要的坐标系，一般来说地方坐标系也是用北京 54 椭球，主要是修改中央子午线(标准的北京 54 坐标系一定要根据已知点坐标计算出 3°带或 6°带的中央子午线)，而基准转换、水平平差、垂直平差都无需设置，当点校正后参数将自动保存到此处(图 3－18)。

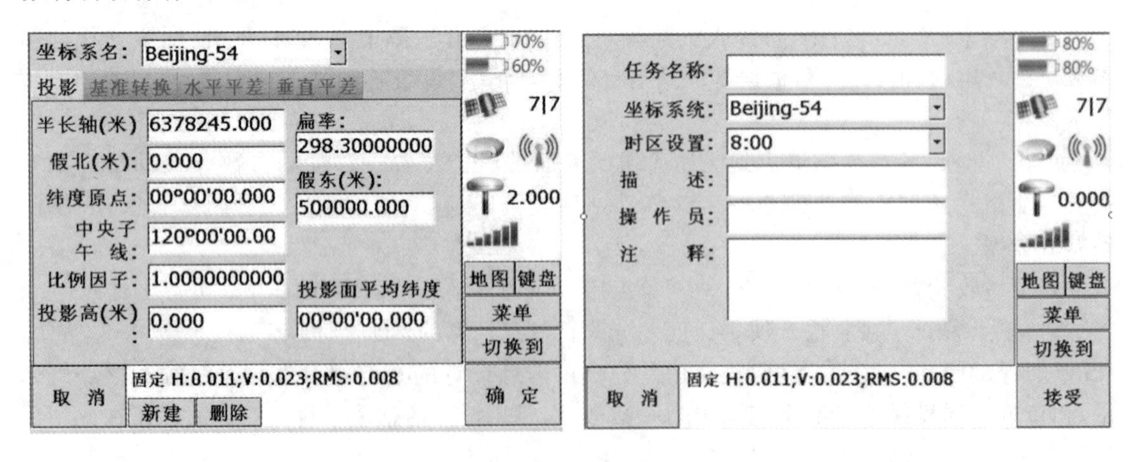

图 3－18　坐标系统设置

2. 新建保存任务

打开测地通，文件→新建任务，输入任务名称，选择跟已知点相匹配的“坐标系统”，点击确定，再打开文件→保存任务。

3. 键入已知点

打开测地通，键入→点，输入已知点 K4 坐标，控制点打上勾，点击保存，再继续输入 K5、K7 的已知点，点确定(图 3-19)。

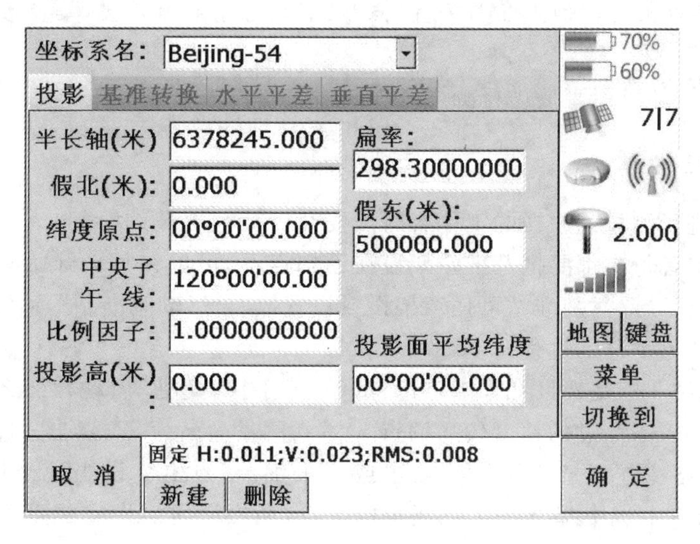

图 3-19　输入已知点

4. 点校正

测量已知点，找到 K4、K5、K7 的实地位置，选择测量→测量点，输入天线高度和测量到的位置，测量出 3 个点的坐标，分别命名为 K4-1、K5-1、K7-1，3 个点必须在同一个基准站坐标 BASE 下，测量后开始进行点校正。

校正方法：测量→点校正(图 3-20)。

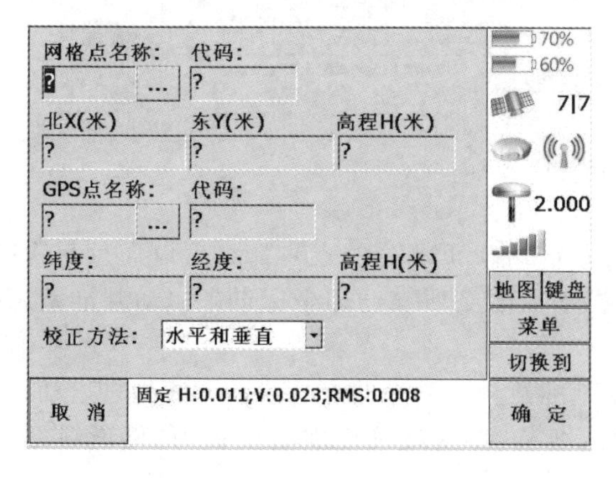

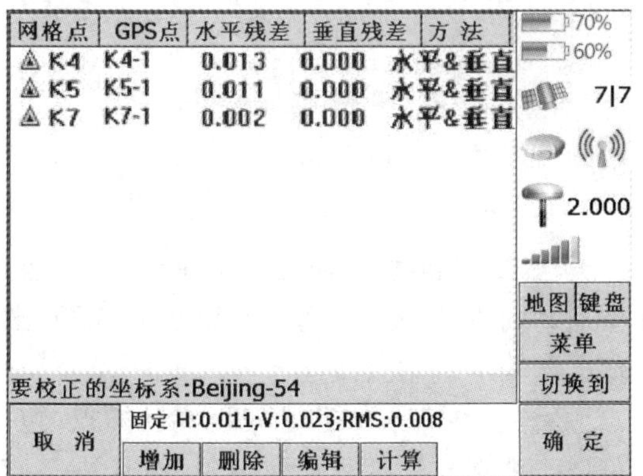

图 3-20　点校正

点击增加，在网格点名称和GPS点名称两项控件里分别选中已知当地平面坐标K4和实测的WGS84坐标K4－1，校正方法选中“水平和垂直”。

点击增加，分别加入校正点K5、K7和K5－1、K7－1，点击计算得出校正参数，再点击确定（会出现两个对话框，第一个提示是否将当前坐标系替换成校正后的坐标系，第二个提示是否将所有的坐标系统都替换成校正后的坐标系统，一般两个都默认点击确定），完成校正。

注意：有3个或以上控制点参与平面“点校正”后才有水平参差，水平参差一般不要大于0.015m；有4个或以上的控制点参与垂直“点校正”后才有垂直参差，垂直参差一般不要大于0.02m。

点校正结束后，就可以直接进行测量工作。

六、重设当地坐标

在每个测区进行测量或放样的工作有时需要几天甚至更长的时间，为了避免每天都重复进行点校正工作或者每次都要把基准站架设在已知点上，可以在每天开始测量工作以前先做一下“重设当地坐标”（此时基准站可任意架设或设置成“自启动基准站”，而移动站的操作则是找一个已测点做一下平移的过程）。

方法一：基准站2若是架设在未知点（自启动，或手簿“此处”启动），那么将移动站再次去测量一个在基准站1下测过的精度较高的点a，重新测量命名为a2，点击文件→元素管理器→点管理器，在基准站2下面选中a2点，双击或点击细节，点击重设当地坐标，再点击出现控件…，在弹出的列表中选中基准站1下测得的a点，两次确定后即完成重设当地坐标的工作（图3－21、图3－22）。

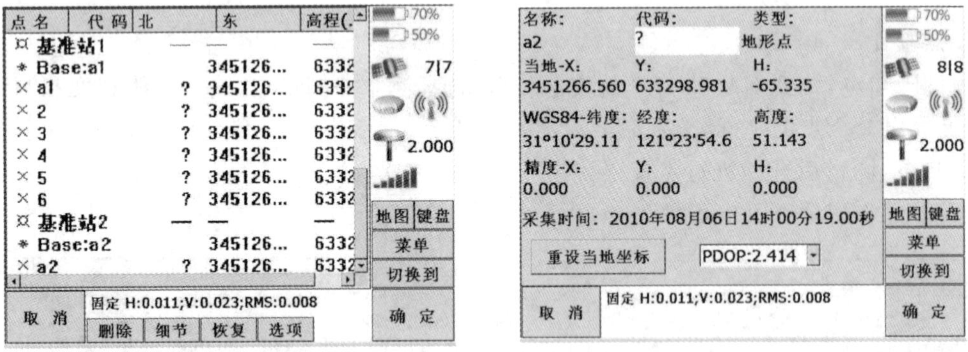

图3－21　重设当地坐标

方法二：基准站2若是架设在已知点（包括基准站1下测过的点），那么可以通过手簿已知点启动的方式（参见“基准站启动方式”），选择基准站2所在已知坐标点来启动基准站，并且输入实测的基站天线高。

方法三：基准站2若是架设在已知点（包括基准站1下测过的点），启动方式为自启动，那么可以点击在点管理器里面选中基准站2点击细节，将基站校正类型设置为“架设在已知点”，输入已知坐标，两次确定后即完成坐标改正操作。

注意：

(1)基准站若是自启动的方式，因断电重开机后，即使基准站位置没变，也需要做重设当地

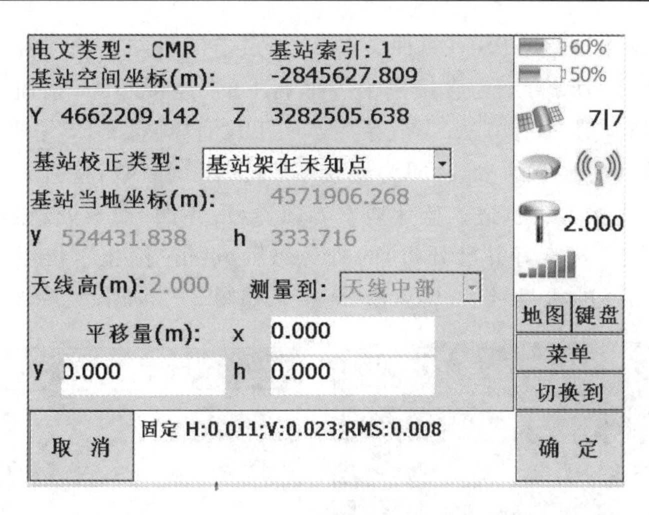

图 3-22　未知点上设站

坐标的工作。

(2)基准站若是自启动的方式,移动站需要在手簿上有测量点的操作后,才会在点管理器里面记录下基准站信息。

第六节　中海达 RTK 观测

一、设置基准站

GIS+手簿和 RTK 主机使用蓝牙连接,并在连接后对 RTK 主机进行设置,操作流程如下:点击 2. GPS 图标,进入接收机信息界面(图 3-23)。

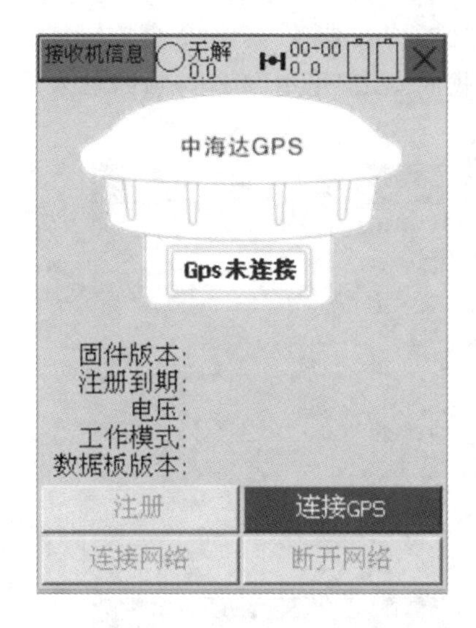

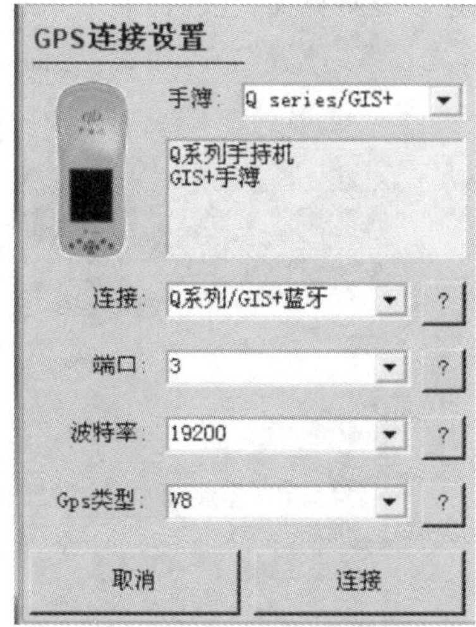

图 3-23　手簿与接收机连接

HI-RTK2.5版本连接GPS有两种操作，一为点击屏幕左上角“接收机信息”的按钮，在下拉菜单里选择“连接GPS”，二为直接点击屏幕右下的“连接GPS”按钮，现在在使用的版本中，只有HI-RTK 2.5版本有方法二，其余版本右下没有“连接GPS”按钮，操作后，即进入连接参数设置界面，界面所显示的参数，即为连接GPS的默认参数，检查好参数没有问题之后，点击屏幕右下角的“连接”按钮，进入蓝牙搜索界面，点击界面“搜索”按钮，直到屏幕上出现将要连接的RTK基站（已经架好并已开机）的机身码后，点击“停止”，再点选好要连的机身号，让蓝色选择条选到要连的机身号上，再点击“连接”，如图3-24所示。

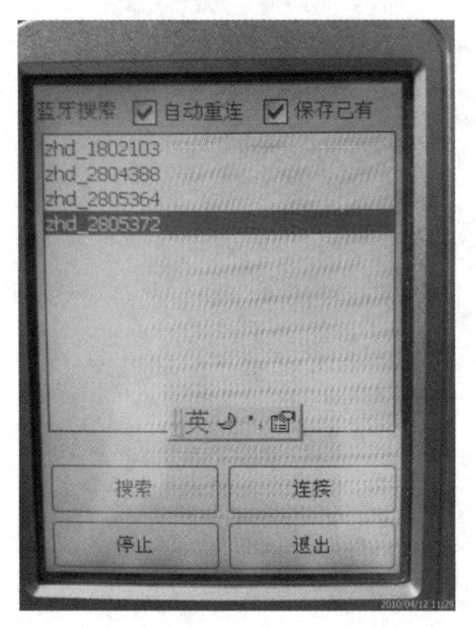

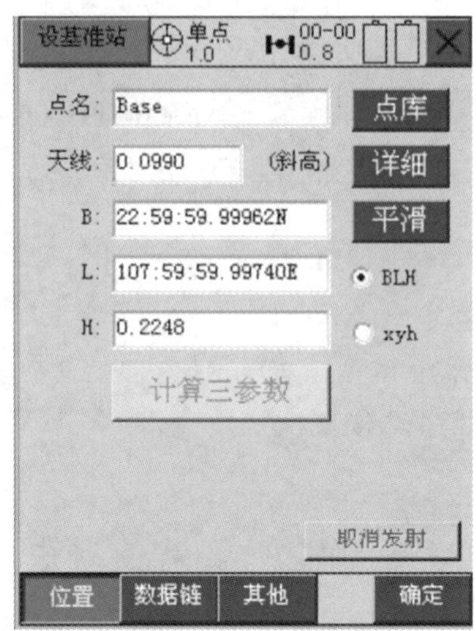

图3-24　设置基准站坐标

连接上仪器后，画面跳回“接收机信息”界面，此时屏幕中“GPS未连接”的字样变成了连接上的RTK基站的机身号，此时，点击左上角“接收机信息”按钮，在下拉菜单里点选“设置基准站”，进入设置基准站界面，在界面左下角有“位置、数据链、其他”3个按钮，我们必须一样一样做出设置，首先设置“位置”，在“位置”界面，我们点击“平滑”按钮，画面跳入采集界面，如图3-25所示。

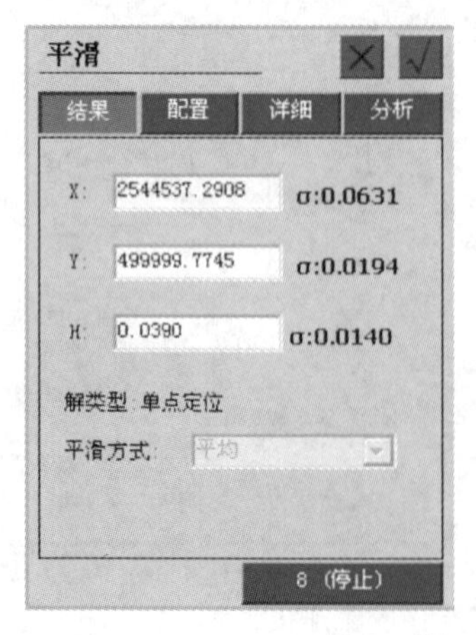

图3-25　配置基准站

当屏幕右下角文字变成“开始”时，点击屏幕右上角的“√”按钮，此时画面跳回上一界面，从上到下依次为点名、天线、B、L、H，点名默认 Base，我们也可修改成自己想要的，一般不必修改，天线默认 0.0990(斜高)，可不用修改，B、L、H 则是我们刚才点击平滑时采集的当前点的经纬度坐标，此时我们点击画面上的“数据链”按钮，进入数据链设置界面，数据链的内容框右边也有一个下拉箭头，点击它就可以选择数据链的模式，有 3 种模式可选，一为内置电台，二为内置网络，三为外部数据链，我们一般使用内置网络或是外部数据链，下面以使用外部数据链为例：点击数据链内容框边的下拉箭头，选择外部数据链(图 3－26)。

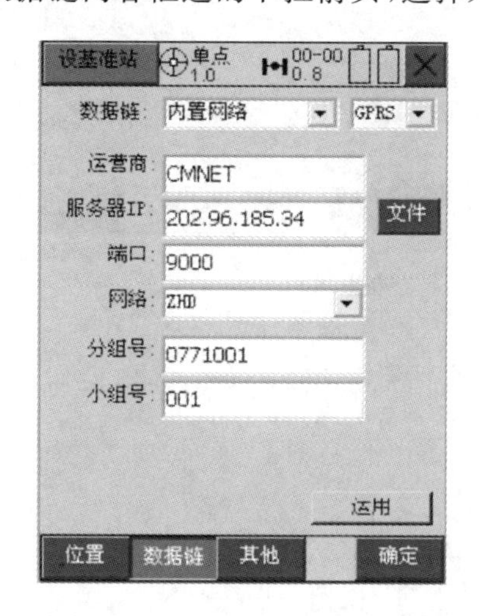

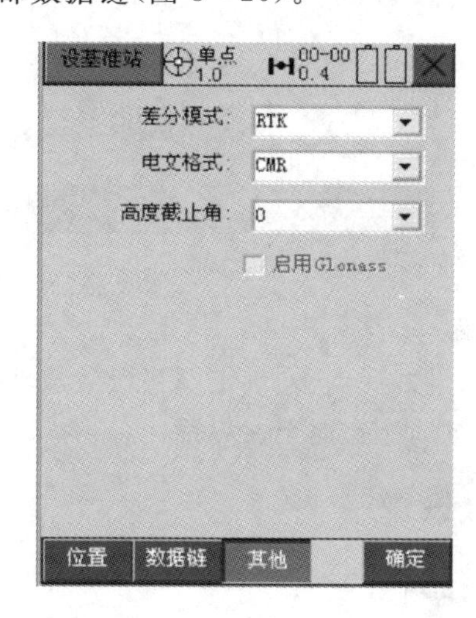

图 3－26 设置基准站数据链

使用中海达网络前几项设置与图上一致，需要修改的是分组号和小组号，分组号为七位，后三位不得大于 255，小组号为三位，也不得大于 255。设置好数据链后，点击“其他”按钮，进入其他设置界面，差分模式选 RTK，电文格式常见的有 RTCM2.X，RTCM3.0，CMR 等，一般都可以任选其中一种，高度截止角 10°～15°之间可任选，设置好后点右下角的“确定”按钮，有弹出窗口显示设置成功，点击弹出窗口的“OK”，当看见屏幕最上方的“单点”变成“已知点”，再看基站的收发灯正常闪烁(一秒一闪)，就表示基准站设置成功了，这时候点击界面的“×”，回到最初界面，点击左上角“接收机信息”，在下拉菜单里选“断开 GPS”断开与基准站的蓝牙连接。

二、设置移动站

设置移动站，用手簿连接移动站，连接方法与连接基准站一样，连接成功后，点击左上角的下拉菜单，选择“设置移动站”，进入移动站设置界面(图 3－27)。

在设移动站界面，有“数据链”和“其他”两项设置，设置基准站时我们以外部数据链为例，如果基准站用了外部数据链，则说明使用电台作为数据链，所以移动站的数据链我们要把它设成内置电台，频道设成与发射电台一致的频道。如果基站用内置网络，则移动站的数据链也要用内置网络，并且所有设置都要和基站一样。设好数据链后，点击“其他”按钮，进入“其他”设置界面。

电文格式我们要选择与基准站一致，高度截止角设在 10°～15°之间即可，发送 GGA 不用

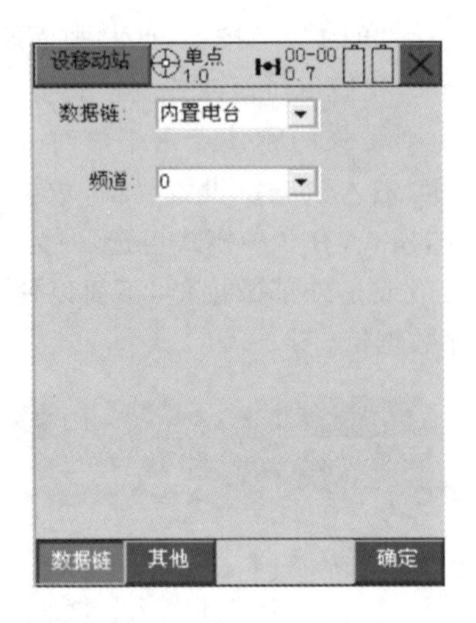

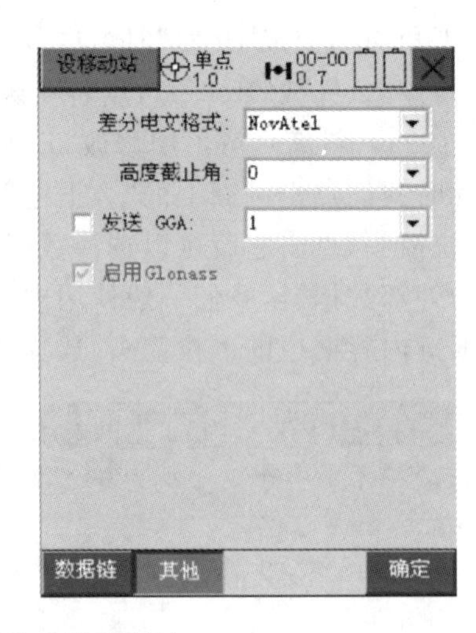

图 3-27　设置移动站数据链

管，直接默认，设好后点击“确定”，当设置成功的对话框弹出后，点击弹出窗口的 OK 钮，再点击右上角的“×”，一直退至主界面。

三、参数设置

（一）新建项目

点击“项目”图标，进入项目设置界面（图 3-28）。

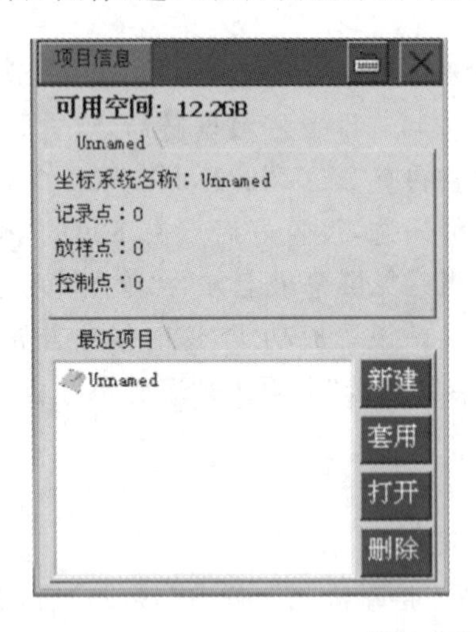

图 3-28　新建项目

点击“新建”图标，进入输入界面，软件默认了将当天日期作为新建项目名称，如果不想用，也可以自己输入要用的名称，界面上的“向上箭头”为大小写切换，“123”为数字字母切换，输入完毕后点击“√”，新建项目成功，点击“×”，返回至主菜单。

（二）设置参数

点击主菜单第三项“3. 参数”进入参数设置界面，界面显示为坐标系统名称，以及“椭球、投影、椭球转换、平面转换、高程拟合、平面格网、选项”7 项参数的设置(图 3－29)。

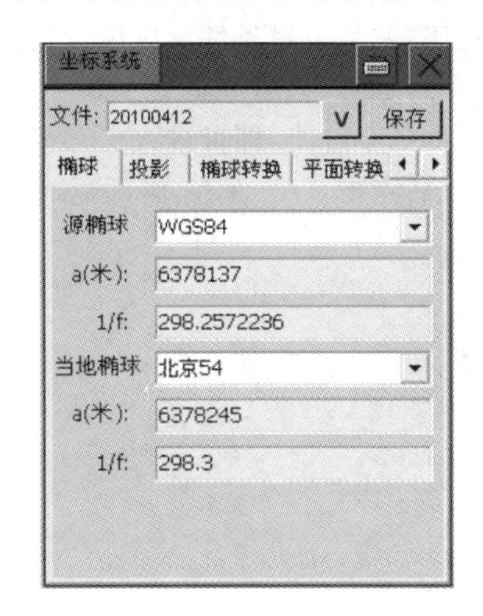

图 3－29　设置项目坐标系统

首先设置椭球,源椭球为默认的 WGS84,当地椭球则要视工程情况来定,我国一般使用的椭球有两种:一为北京 54,一为国家 80。根据工程要求选用,点击框后面的下拉小箭头选择。再设置投影,工程一般常用高斯投影,高斯投影又分六度带、三度带、一点五度带等,选什么要视工程情况而定,工程需要三度带就选三度带,将椭球转换、平面转换、高程拟合全设为无,设置方法都是点击“转换模型”框右边的下拉小箭头进行选择,选择完后,点击界面“保存”按钮,再点击弹出窗口的“OK”,点击界面右上角“×”退出参数设置,回到主界面。

四、碎部测量

点击主菜单的“5.测量”图标,进入测量界面,如图 3－30 所示。

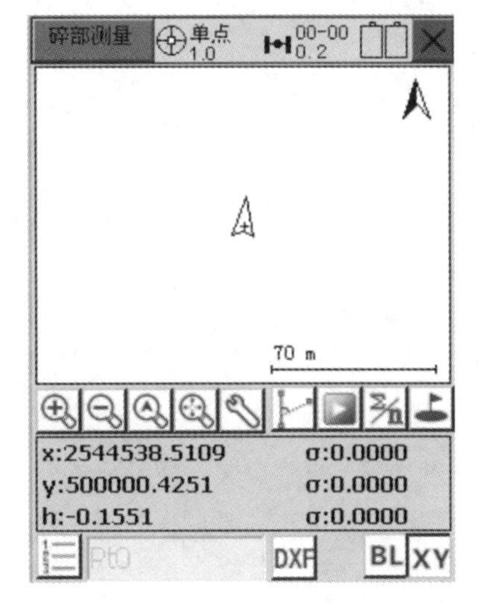

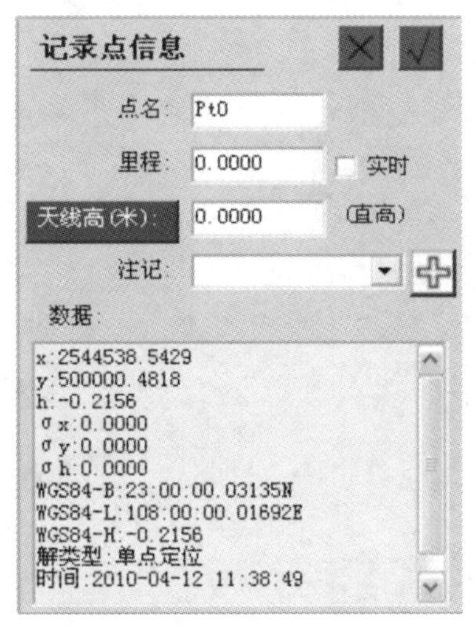

图 3－30　碎部测量

在测量界面的上方，我们看到的是解状态（图中显示“单点”处）、卫星状态（图中显示“00—00”处）、电池情况的图标，当我们前面的设置都正确，并且卫星条件可以进行测量时，图中显示“单点”处应该显示为“固定”，表示解状态为RTK固定解，只有在固定解的状态下，我们才能进行测量工作，如要采集当前点，我们点击屏幕右侧的小红旗，即可进入保存界面，在该界面，我们可以编辑点名、天线高、注记等信息，编辑完成后点击“√”保存，画面返回测量界面，重复上述操作，即可进行下一个点的保存。

第四章　CORS 测量

随着 GPS 技术应用的日益广泛，各地的连续运行导航卫星定位参考站系统（Continuous Operating Reference Station，简称 CORS）相继建成，CORS 是在一定范围内建立若干个连续运行的永久性基准站，通过网络连接，构成网络化的 GNSS 综合服务系统。由此出现的由多基站构成的网络式的 GPS 服务体系成为 GPS 技术发展的最新趋势，对实时动态定位（Real－time Kinematic，简称 RTK）领域产生非常大的影响。常规 RTK 仅局限在短距离范围内，这是因为：

（1）常规 RTK 的作业前提是与短基线两端大气折射误差强度相关，可以将差分模式下的残差消除到忽略不计的程度，可是随着基线的增长，各类误差的相关性减弱直至消失，整周模糊度难以实时固定，导致定位精度大大降低。

（2）RTK 的实时解算要求使得多余观测数大大减少。

（3）受差分数据信号的传输方式及其协议的影响，很难实现实时质量控制等完整性监测问题。为了解决这些问题，最终导致了基于多基站网络式的 Network RTK 的出现。

第一节　CORS 测量操作

CORS 系统测量作业分为高精度测量、控制测量、大比例测图和施工放样等，其中高精度测量、控制测量一般采用静态 CORS 测量（与静态测量一致），大比例测图和施工放样采用动态 CORS 测量。

动态 CORS 测量方法主要是利用 GPRS 或 CDMA 拨号，拨叫基准站的网络系统接入号码。流动站 GPS 天线保持稳定，进行初始化工作，得到 RTK 固定解。这段时间根据卫星状况、观测环境状况等可能会持续 15～120 秒。在待测点上得到固定解后，再稳定 2～5 秒就开始记录数据，连续记录 10 次结果（5 秒采样间隔）。取平均值作为该点的精确坐标。如果不能顺利初始化，可移动流动站天线位置，选择观测条件好的地点进行初始化，然后移动到待定点上。作业过程中如果发生初始化丢失时（即定位结果降低为 RTK 固定解以下水平），需要重新稳定，进行初始化工作，直至得到 RTK 固定解为止。其中，在观测前的准备工作如下。

（1）检查 GPS 天线、通信口、主机接口等设备是否牢固可靠；连接电缆接口是否有氧化、脱落或松动等情况。

（2）检查数据采集器、接收机等电源是否备足。

（3）检查数据采集器内存或存储卡容量能否满足工作需要。

（4）检查接收机的网络参数的正确性，包括通信参数、IP 地址、端口、差分数据格式等。

（5）检查水准气泡、对中器和基座是否符合要求。

(6)与CORS网络连接时,网络RTK用户应正确地输入本人的用户名和密码,并选择合适的服务类型。只有在获得CORS系统的认证许可之后,才能进行作业。

(7)网络RTK作业应尽可能安排在良好的天气状况下进行。作业前应查询CORS系统运行状态、进行星历预报及电离层、对流层分析,以避开不利时段,合理安排作业计划。

(8)作业期间必须严格遵守技术规定和操作要求。

采用GPRS模式作业时要注意提供开通GPRS网络流量的手机卡,可以采用包月的方式,此项各地区不同,可与当地移动服务商联系确认,一般两小时的GPRS流量为1M,可以根据每月的作业时间计算总流量,选取合适的包月套餐。学校单基站CORS的账户设置如:

IP地址:202.101.244.114

用房名:18679124786

密码:123456

端口号:9901

源列表:自动获取,一般为RTCM3或CMR,其中用户名和密码一般由CORS的管理员提供。

第二节　南方CORS观测

只有当软件连接上以网络为数据链的主机时此菜单才显示。一般来说,移动站第一次设置好之后,以后还是用相同设置的话只需要打开主机,主机可以自动连接上,或是直接进入网络配置里面点击连接。“配置→网络设置”,图4-1所示为网络设置界面。

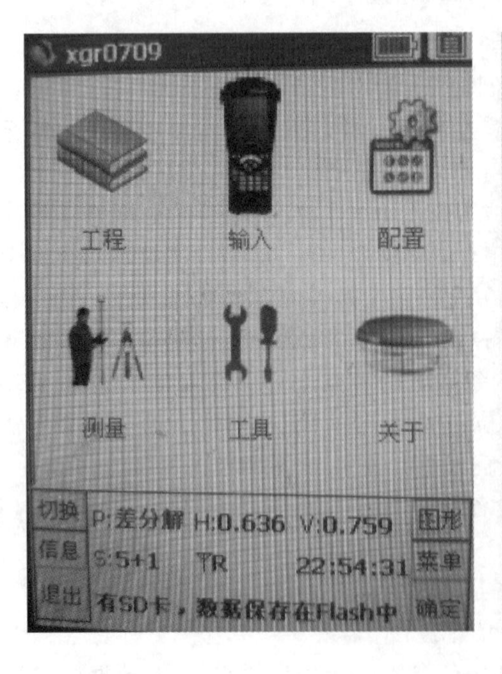

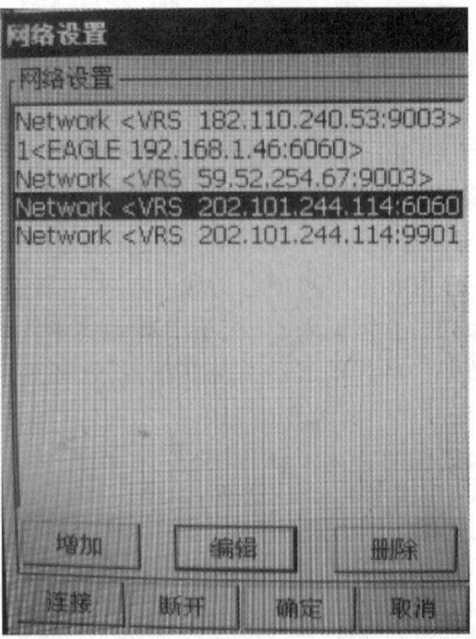

图4-1　南方网络设置

点击“编辑”或“增加”按钮。依次输入相应的网络配置信息，保存网络配置，点击连接，主机会根据程序步骤一步一步地进行拨号连接，待连接成功，上发 GGA 之后点“确定”，进入到工程之星初始界面。设置成功后很快就应该接收到差分信息，当状态达到固定解时，就可以进行测量的其他全部操作。

第三节　华测 CORS 观测

打开测地通，点击“配置→手簿端口配置”，连接类型选择“蓝牙”，点击“配置”，搜索蓝牙，绑定主机，点击确定，退出测地通。

打开 HCGpsSet，选中蓝牙，打开端口，根据图 4－2 更改接收机的设置，设置结束后，点击应用，将接收机重新开关机，再打开手簿中测地通，点击“配置→移动站参数→内置电台和 GPRS”，根据实际工作情况，设置如图 4－2 所示。

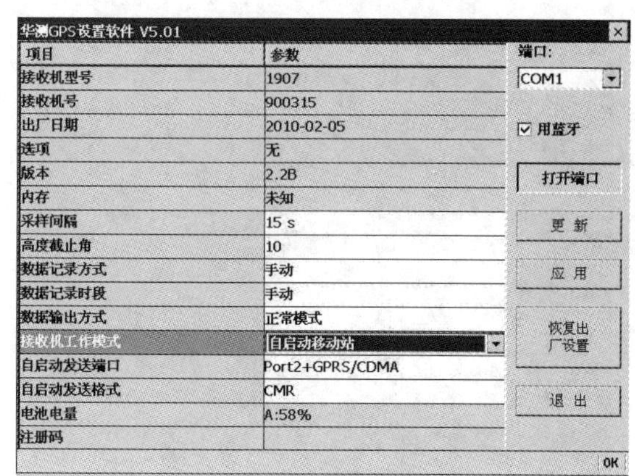

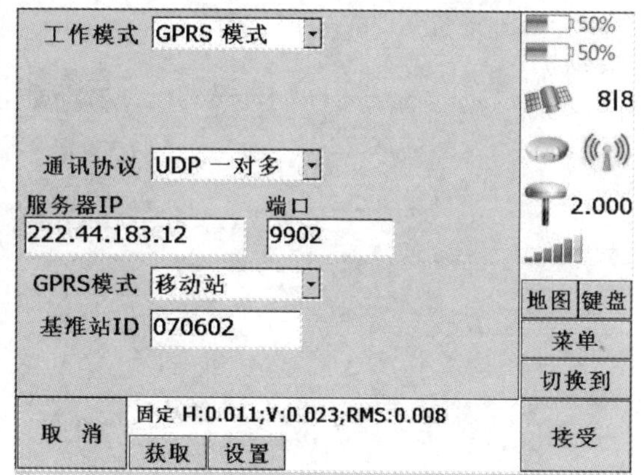

图 4－2　华测网络设置

基准站 ID 为移动站绑定的基准站 S/N 号，其他和图中一致，结束后点击“设置→接受”，退出到测地通初始界面，点击“测量→启动移动站接收机”，当移动站信号灯正常闪烁时，则移动站启动成功。移动站收到差分信号后会有一个“单点定位”→“浮动”→“固定”的 RTK 初始化过程。

（1）单点解——接收机未使用任何差分改正信息计算的 3D 坐标。

（2）浮动解——移动站接收机使用差分改正信息计算的当前相对坐标。但对于浮点解来讲，相位的整周模糊度参数未能固定为一整数，而是用浮点的估值来替代它。不建议在此情况下测点。

（3）固定解——在 RTK 模式下，整周模糊度参数固定后，移动站接收机计算的当前相对坐标。达到固定解后即可开始测量。

RTK 初始化过程根据卫星 PDOP 值、周围环境、基站距离、时间或长或短，正常一般在开机后 90 秒左右。移动站在固定状态下就可以进行测量了。

第四节 中海达CORS观测

首先用手簿连接移动站，在移动站设置里，我们要把数据链设成内置网络，然后要把CORS站的IP和端口设对，再设置CORS源节点、用户名、密码，以上这些参数都是要从CORS运营机构得到，下面以学校CORS为例。

设置完数据链，点击"其他"，设置差分电文等，差分电文格式要选择与源节点一致，截止角10°～15°，GGA前打钩，一般选1，设好后点确定，提示设置成功后，进入测量界面，出现固定解后即可求解参数并开始工作(图4-3)。

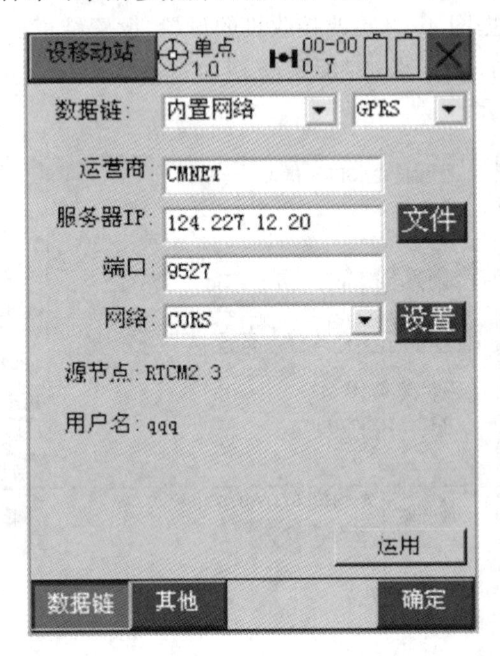

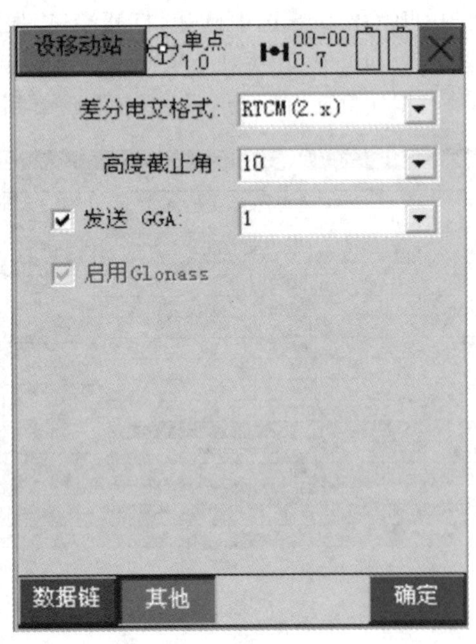

图4-3 中海达网络设置

第三部分

GPS 数据处理

数据处理软件可以采用专用软件、商用软件或随机软件，如专用软件有用于格式转换、编辑和质量检核的 GNSS 数据预处理软件（Translation，Editing and Quality Checking，简称 TEQC）等；高精度的 GPS 网数据处理也可以选用国际著名的 BERNESE、GAMAIT/GLOBK、GIPSY、EPOS、PANDA 等软件；商用软件有我国自主研发的 GPS 控制网平差软件，如 PowerADJ 软件、科傻系统 GPS 工程测量网通用平差软件、Caravel Net 高精度控制网平差软件等软件；随机软件有天宝的天宝测量办公软件（Trimble Geomatics Office，简称 TGO），南方测绘的 GPS 静态数据平差软件（South Survey GPS Data - Processing ADJustment，简称 ADJ）等。

GPS 静态测量内业数据处理工作包括数据预处理和基线解算、观测成果的外业检核、网平差、技术总结与上交资料。下面从计算过程、数学模型和提交成果等方面阐述 GPS 静态测量的内业数据处理。

一、数据预处理

观测数据基线解算时，先要进行数据预处理，目的是对原始数据进行编辑、加工整理、分类，产生各种专用信息文件，为下一步数据计算作准备。具体处理包括以下基本内容。

（1）原始观测数据的下载，从接收机上下载原始的 GPS 观测数据，传输到磁盘或其他介质上。从原始记录中，通过解码将各种数据分类整理，剔除无效观测值和冗余信息，形成各种数据文件，如星历文件、观测文件盒测站信息文件等。

（2）外业输入数据的检查与修改，对外业输入数据进行检查，包括站名、点号、测站坐标、天线高等。

（3）卫星轨道的标准化，采用多项式拟合法，平滑 GPS 卫星每小时发送的轨道参数，其目的是解决因星历数据来源、时段不同而产生的差异卫星轨道方程。

（4）观测值的必要改正，对载波相位观测值进行周跳的探测与修复，并在 GPS 观测值中加入对流层改正，单频接收的观测值中加入电离层改正。

二、基线解算

基线向量的解算一般采用多站、多时段自动处理的方法进行，具体处理中应注意以下几个问题。

（1）基线解算一般采用双差相位观测值，对于边长超过 30km 的基线，解算时也可采用三差相位观测值。

(2)卫星广播星历坐标值,可作基线解的起算数据。对于特大城市的首级控制网,也可采用其他精密星历作为基线解算的起算值。

(3)基线解算中所需的起算点坐标,按以下优先顺序采用:国家GPS A、B级网控制点或其他高等级GPS网控制点的已有30分钟的单点定位结果的平差值提供的WGS84系坐标。

(4)在采用多台接收机同步观测的一个同步时段中,可采用单基线模式解算,也可选择独立基线按多基线处理模式统一解算。

(5)同一级别的GPS网,根据基线长度不同可采用不同的数据处理模型。但是0.8km内的基线须采用双差固定解;30km以内的基线,可以在双差固定解和双差浮点解中选择最优结果;30km以上的基线,可采用三差解作为基线解算的最终结果。

三、观测成果的外业检核

1. 每个时段同步观测数据的检核

数据剔除率,剔除的观测值个数与应获取的观测值个数的比值称为数据剔除率。同一时段观测值的数据剔除率不宜大于10%。

2. 重复观测边的检核

同一条基线边,若观测了多个时段(≥2),则可得到多个边长结果。这种具有多个独立观测结果的边称为重复观测边。对于重复观测边的不同时段的成果互差,应小于或等于相应等级规定精度σ的$2\sqrt{2}$倍。其中,σ为基线测量中误差,单位为毫米(mm),是根据规范要求,按实测平均边长值代入公式计算得到的。

3. 同步环闭合差的检核

当环中各边为多台接收机同步观测的结果时,由于各边是不独立的,所以其闭合差应恒为零。但是由于数据处理模型误差和处理软件存在缺陷,使得这种同步环的闭合差实际上一般不为零。这种闭合差一般数值很小,但实际观测中可把它作为成果质量的一种检核标准。

设ω_x,ω_y,ω_z分别为上述同步环坐标分量的闭合差,则应满足:

$$\omega_x = \sum_{i=1}^{n} \Delta X_i \leqslant \frac{\sigma}{5}\sqrt{n} \tag{5-1}$$

$$\omega_y = \sum_{i=1}^{n} \Delta Y_i \leqslant \frac{\sigma}{5}\sqrt{n} \tag{5-2}$$

$$\omega_z = \sum_{i=1}^{n} \Delta Z_i \leqslant \frac{\sigma}{5}\sqrt{n} \tag{5-3}$$

$$\omega_{\text{限}} = \sqrt{\omega_x^2 + \omega_y^2 + \omega_z^2} \leqslant \frac{\sigma}{5}\sqrt{3n} \tag{5-4}$$

式中:n为闭合环的边数,下同;ω为相应环闭合差的限差,下同。

4. 异步环闭合差的检核

当独立观测的基线向量构成闭合图形,各独立环的坐标分量闭合差ω_x,ω_y,ω_z和全长闭合差应符合:

$$\omega_x \leqslant 2\sqrt{n}\sigma \tag{5-5}$$

$$\omega_y \leqslant 2\sqrt{n}\sigma \tag{5-6}$$

$$\omega_z \leqslant 2\sqrt{n}\sigma \tag{5-7}$$

$$\omega_{限} \leqslant \sqrt{\omega_x^2 + \omega_y^2 + \omega_z^2} \leqslant 2\sqrt{3n}\sigma \tag{5-8}$$

当发现边闭合数据或闭合环数据超出上述规定时，应分析原因并对其中部分或全部成果野外返工重测。需要重测的边，应安排在一起进行同步观测。

四、网平差

网平差是以GPS基线向量为观测值，以其方差阵的逆为权阵进行计算，求出各GPS网点的坐标并进行精度评定的过程。网平差主要包括无约束平差和约束平差。

1. 无约束平差

在各项质量检核符合要求后，以一个点的WGS84三维坐标作为起算依据，进行GPS网的无约束平差。无约束平差应提供各控制点在WGS84下的三维坐标，各基线向量3个坐标差观测值的总改正数，基线边长以及点位和边长的精度信息。

无约束平差中，基线向量的改正数绝对值应满足：

$$V_{\Delta x} \leqslant 3\sigma \tag{5-9}$$

$$V_{\Delta y} \leqslant 3\sigma \tag{5-10}$$

$$V_{\Delta z} \leqslant 3\sigma \tag{5-11}$$

否则，应采用软件提供的方法或人工方法剔除粗差基线，直至符合式(5-9)～式(5-11)要求。

2. 约束平差

无约束平差符合要求后，在国家坐标系或城市独立坐标系下进行三维约束平差或二维约束平差。约束点的已知点坐标、已知距离或已知方位，作为强制约束的固定值，或作为加权观测值。平差结果输出为国家或城市独立坐标系中的三维或二维坐标，基线向量改正数，基线边长，方位以及坐标、边长、方位的精度信息，转换参数等。

约束平差中，基线向量的改正数与剔除粗差后的无约束平差结果的同名基线相应改正数的较差应满足：

$$dv_{\Delta x} \leqslant 2\sigma \tag{5-12}$$

$$dv_{\Delta y} \leqslant 2\sigma \tag{5-13}$$

$$dv_{\Delta z} \leqslant 2\sigma \tag{5-14}$$

否则，认为作为约束的已知坐标、已知距离或方位与GPS网不兼容，应剔除某些误差大的约束值，直至符合要求。

五、技术总结与上交资料

1. 技术总结

GPS测量的外业工作和数据处理结束后，应及时编写技术总结。其内容要点为：

(1)项目名称，任务来源，施测目的与精度要求。

(2)测区位置与范围，地理条件，气候特点，交通及电信、供电等情况。

(3)测区已有测量标志情况。

(4)施测单位,作业人员,作业时间及技术依据。

(5)接收设备的类型、数量和检验情况。

(6)选点与埋石情况,观测环境评价及与原有测量标志的重合情况。

(7)观测实施情况,观测时段选择,补测与重测情况及作业中发生与存在的问题说明。

(8)观测数据质量检核情况,起算数据,数据处理的内容、方法及所用软件情况。

(9)工作量及定额计算。

(10)成果中尚存在问题与必须说明的其他问题,必要的附表与附图。

2.上交资料

GPS测量任务完成后,各项技术资料均应仔细整理,经验收后上交。上交的资料包括:

(1)测量任务书与技术设计书。

(2)GPS网展点图。

(3)点之记、环视图和测量标志委托保管书。

(4)卫星可见性图、预报表及观测计划。

(5)外业观测记录、测量手簿及其他记录。

(6)接收设备及气象仪器等的检验资料。

(7)外业观测数据质量评价和外业检验资料。

(8)数据处理资料和成果表。

(9)技术总结与成果验收报告。

第五章 GPS数据及星历

第一节 RINEX简介

RINEX(Receiver Independent Exchange)是一种在GPS测量应用中普遍采用的标准数据格式。该格式采用文本文件形式存储数据，数据记录格式与接收机的制造厂商和具体型号无关。RINEX最初由瑞士伯尔尼大学天文学院于1989年提出，当时是为了能够综合处理在EUREF89项目中4个不同厂商共60多台接收机所采集的GPS数据。此后陆续对其进行了修订，从1989年提出最初的1.0、2.0、2.10、2.11、2.20、3.0、3.01，发展到现在的3.02，目前最常用的为2.1版，可用于包括静态和动态GPS测量在内的不同观测模式数据。该格式的提出意味着在实际观测作业中可以采用不同厂商、不同型号的接收机进行混合编队，而数据处理则可采用某一特定软件进行。RINEX已成为各厂商、学校、研究单位和用户在编制软件时所采用的标准数据格式。

RINEX共有3种文件格式：观测文件(Observation Data File)、导航文件(Navigation Message File)和气象文件(Meteorological Data File)。

一、命名规则

RINEX标准命名为ssssdoyf. yrt，具体如表5-1所示。

表5-1 RINEX命名格式说明

ssssdoyf. yrt	
字段名	说明
ssss	站点名称，4位字符
doy	年积日
f	文件在当天的序列号。单天文件：0 小时文件：a=第1小时，00～01小时；b=第2小时，01～02小时；……；x=第24小时，23～24小时
yr	年份，2位字符
t	文件类型。O：观测文件；N：GPS导航文件；M：气象文件；G：GLONASS导航文件；L：Galileo导航文件；P：混合GNSS导航文件；H：SBAS导航文件；B：SBAS广播文件；C：时钟文件；S：汇总文件

例：

bjfs2500.99o:北京房山站 1999 年 9 月 6 日观测一天的数据。

jxxj001a.14o:江西新建站 2014 年 1 月 1 日观测一小时的数据。

二、文件结构

每个文件都包含头部与数据两部分:头部信息在文件的开头部分,包含文件的所有信息,每行包含 80 列数据,第 61～80 列为说明列,这些标识是强制性和必须的,用来说明记录的内容。

(一)文件头部分说明(表 5－2)

表 5－2　RINEX 文件头部分说明

字段	说明
RINEX VERSION/TYPE	格式版本 :3.02
	文件类型: O 观测文件
	卫星系统:G:GPS,美国;R:GLONASS,俄罗斯;E:Galileo,欧盟;J:QZSS,日本;C:BDS,中国;S:SBAS payload;M:混合 GNSS
PGM/RUN BY/DATE	转换数据的程序名称
	产出数据的机构名称
	生成文件的日期时间。格式: yyyymmdd hhmmss;时区:3～4 位字符,UTC—推荐使用,LCL—本地时间
COMMENT	注释行,可以多行注释,可选
MARKER NAME	观测站标记名称
MARKER NUMBER	观测站标记序号
MARKER TYPE	标记类型
	GEODETIC:地固,高精度观测墩
	NON_GEODETIC:地固,低精度观测墩
	除 GEODETIC 和 NON_GEODETIC 外,该记录是必需的,用户也可自定义其他类型关键词
OBSERVER/AGENCY	观测者的联系方式及单位
REC #/TYPE/VERS	接收机序列号、类型及版本
ANT #/TYPE	天线序列号、类型
APPROX POSITION XYZ	近似坐标,单位为米(m),移动天线为可选
ANTENNA:DELTA H/E/N	天线高,从参考点到天线相位中心距离
	相对于参考点的东向与北向偏心距
	三者单位均为米(m)

续表 5－2

字段	说明
SYS/＃/ OBS TYPES	卫星系统代码(G/R/E/J/C/S/M)
	指定卫星系统不同观测类型的个数
	观测量说明
	类型
	带宽
	属性
	若观测量大于 13,使用连续行
	观测量类型
	C＝码/伪距;L＝相位;D＝多普勒;S＝原始信号长(信噪比);I＝电离层相位延迟;X＝接收机通道数
	带宽
	1＝L1(GPS,QZSS,SBAS);G1(GLO);E2－L1－E1(GAL);B1(BDS)
	2＝L2(GPS,QZSS);G2(GLO)
	5＝L5(GPS,QZSS,SBAS);E5a(GAL)
	6＝E6(GAL);LEX(QZSS);B3(BDS)
	7＝E5b(GAL);B2(BDS)
	8＝E5a＋b(GAL)
	0＝X(all)
	属性
	P＝P 码(GPS,GLO);C＝C 码(SBAS,GPS,GLO,QZSS);D＝半无码(GPS);Y＝Y 码(GPS);M＝M 码(GPS);N＝无码(GPS);A＝A 通道(GAL);B＝B 通道(GAL);C＝C 通道(GAL);I＝I 通道(GPS,GAL,QZSS,BDS);Q＝Q 通道(GPS,GAL,QZSS,BDS);S＝M 通道(L2C GPS,QZSS);L＝L 通道(L2C GPS,QZSS);S＝D 通道(GPS,QZSS);L＝P 通道(GPS,QZSS) X＝B+C 通道(GAL);I＋Q 通道(GPS,GAL,QZSS,BDS);M＋L 通道(GPS,QZSS);D＋P 通道(GPS,QZSS);W＝基于 Z 跟踪(GPS);Z＝A＋B＋C 通道(GAL)
	空白:对 I 和 X(all)或未知跟踪模式
	所有字符必须大写!
	单位:
	Phase:full cycles
	Pseudorange:meters
	Doppler:Hz
	SNR etc:receiver－dependent
	Ionosphere:full cycles

续表 5－2

字段	说明
INTERVAL	采样率
TIME OF FIRST OBS	首次开始记录时间(年月日时分秒)
	时间系统
	GPS(＝GPS 时间系统)
	GLO(＝UTC 时间系统)
	GAL(＝Galileo 时间系统)
	QZS(＝QZSS 时间系统)
	BDT(＝BDS 时间系统)
RCV CLOCK OFFS APPL	应用实时获得的接收机钟偏校正历元，码，相位
	1＝yes，0＝no；默认为 0，不应用接收机钟偏
END OF HEADER	头说明结束

(二)文件数据部分说明(表 5－3)

表 5－3　RINEX 文件数据部分说明

描　　述
历元记录
标志前导提示符：> —历元 —年(4 位数字) 月，日，时，分(2 位数字) 秒 历元标记 0：正常 1：电源问题 >1：其他情况 当前历元观测的卫星数 保留字段 接收机钟差(秒，可选)
历元标识＝0 或 1：OBSERVATION 记录如 —卫星数 观测值——每个观测重复记录 未观测到的为 0 或空 —LLI-卫星失锁指示，类型(与 SYS/＃/OBS TYPES 记录相同)

续表5-3

描 述
—信号长(1～9)
1:最小的可能长度
5:平均的信噪比
9:最大的可能长度
0或空:未知,不必在意
—历元标识 2～5:EVENT:指定的记录可能跟随
—历元标识
2:开始移动天线
3:新站点开始观测(结束动态数据)(至少会有标识MARKER NAME行)
4:头信息跟随
5:外部事件(epoch is significant,same time frame as observation time tags)
卫星数,指定的记录数跟随,如果为0则随后无记录
历元标识=6:EVENT:周跳记录跟随
—历元标识
6:周跳记录

第二节 星历简介

广播星历是主控站利用跟踪站收集的观测资料计算并外推出未来两周的星历,然后注入到GPS卫星,形成导航电文供用户使用。因此这种星历是预报性质的,可以实时使用。它的精度保守的估计是40～100m,有的正式文献提出比较乐观的估计是20m,达到1×10^{-6}。

为改善和提高地面定位精度,许多国家和研究机构都在研制GPS使用的精密星历(事后处理星历)。无论是在全球范围或局部区域范围内布设跟踪站,收集观测资料都是可行的。这些跟踪站选择在地心坐标精确的已知点上,如VLBI和SLR测站,这些站称为基准站。它们大多数备有精密的原子钟(如氢钟)和水蒸气辐射计。如果在全球范围布设跟踪站,并对若干周期的观测资料进行处理,那么这种长弧计算的结果,外推若干时间仍能具有足够的精度来描述卫星轨道。如果在局部区域以短弧方式将站坐标与卫星坐标同时解算,得到的星历将是该观测段内卫星轨道较好的描述,而不可能对观测段外进行外推,否则其精度将迅速降低。

一、导航星历

卫星星历是取自卫星的广播导航电文,它是地面位置计算的基础数据。在导航电文中,包含有卫星的轨道根数、卫星钟参数等。为了使地面位置计算工作速度更快,卫星发送广播导航电文每秒一次,而广播导航电文每小时更新一次。所以每一次观测只需要记录一组广播导航电文。

（一）文件头部分说明（表5-4）

表5-4 星历文件头部分说明

标签（第61～80列）	说明
RINEX VERSION/TYPE	版本:3.02 /文件类型（'N'为导航数据）
	卫星系统:G:GPS;R:GLONASS;E:Galileo; J:QZSS;C:BDS;S:SBAS Payload;M:Mixed
PGM/RUN BY/DATE	生成文件的程序名称/生成文件的操作者/当前文件的生成日期
	格式：yyyymmdd hhmmss
	时区:3～4字符,UTC-推荐,LCL-当地时间
* COMMENT	注释行,可以多行
* IONOSPHERIC CORR	电离层校正参数,校正类型
	GAL=Galileo ai0-ai2 GPSA=GPS alpha0-alpha3 GPSB=GPS beta0-beta3 QZSA=QZS alpha0-alpha3 QZSB=QZS beta0-beta3 BDSA=BDS alpha0-alpha3 BDSB=BDS beta0-beta3
	参数
	GPS：alpha0-alpha3 或 beta0-beta3 GAL：ai0,ai1,ai2,zero
	QZSS：alpha0-alpha3 或 beta0-beta3 BDS：alpha0-alpha3 或 beta0-beta3
* TIME SYSTEM CORR	转到到UTC或其他时间系统的校正值
	校正类型
	GAUT=GAL到UTC a0,a1 ;GPUT=GPS到UTC a0,a1;SBUT=SBAS到UTC a0,a1;GLUT=GLO到UTC a0=TauC,a1=zero;GPGA=GPS到GAL a0=A0G,a1=A1G;GLGP=GLO到GPS a0=TauGPS,a1=zero;QZGP=QZS到GPS a0,a1;QZUT=QZS到UTC a0,a1;BDUT=BDS到UTC a0=A0UTC,a1=A1UTC
	a0,a1—多项式系数
	CORR(s)=a0+ a1 * DELTAT
	T多项式拟合参考时间;W参考GPS周
	SEGNOS,WAAS,or MSAS ,从MT17服务提供处获取,如果未知,采用Snn方式
* LEAP SECONDS	跳秒
END OF HEADER	头部信息结束

（二）文件数据部分说明（表5－5）

表5－5　星历文件数据部分说明

观测记录	描　述
SV/EPOCH/SV CLK	PRN 卫星编号 历元：TOC－时钟时间 年（两位数字）；月　日　时　分　秒 卫星时钟偏差（s）；卫星时钟漂移（s/s）；卫星时钟漂移率（s/s^2）
BROADCAST ORBIT－1	IODE 星历数据有效期
	Crs(m)；Delta　n（弧秒）；M0（弧度）
BROADCAST ORBIT－2	Cuc(radians)
	e 扁率
	Cus(radians)
	sqrt(A)(sqrt(m))
BROADCAST ORBIT－3	Toe 星历参考时间（GPS周秒）
	Cic(radians)
	OMEGA0(radians)
	Cis(radians)
BROADCAST ORBIT－4	i0(radians)
	Crc(meters)
	omega(radians)
	OMEGA DOT(radians/sec)
BROADCAST ORBIT－5	IDOT(radians/sec)
	Codes on L2 channel
	GPS 周＃(to go with TOE)
	number，not mod(1024)！
	L2 P 数据标识
BROADCAST ORBIT－6	卫星精度(meters)
	卫星健康(bits 17－22 w 3 sf 1)
	TGD(秒)
	IODC 时间数据有效期

二、精密星历

SP3 精密星历数据格式的全称是标准产品第3号（Standard Product ＃3），它是一种在卫星大地测量中广泛采用的数据格式，由美国国家大地测量委员会（National Geodetic Survey，简称 NGS)提出,专门用于存储 GPS 卫星的精密轨道数据。

在 NGS 的第一代卫星轨道数据格式中,SP1 和 SP2 为文本文件,而 ECF1、ECF2 和 EF13 则为二进制文件。在 SP1 格式的文件中,既包含位置数据,也包含速度数据,而在 SP2 格式的文件中,则仅包含位置数据。ECF2 是与 SP2 相对应的二进制文件,EF13 则是 ECF2 的一个高效存储版本,其存储效率非常高,时间跨度 1 周、历元间隔 40 分钟的 24 颗卫星轨道数据,仅需要 78 728 字节的存储空间。

不过,NGS 的第一代卫星轨道数据格式也存在一些问题。例如,由于当时人们主要关心的是相对定位模式,因而在这些 NGS 轨道数据格式中并未包含卫星钟的改正信息。现在,人们已认识到,标准格式需要为更广泛的领域服务,其中既包括那些采用相对定位模式进行工作的领域,也包括那些采用单接收机绝对定位模式进行工作的领域。对于后者,如果能够同时得到精密轨道数据及相应的卫星钟改正,那么就能获得非常精确的处理结果。

经过几年的使用,人们觉得有必要对 NGS 的第一代卫星轨道数据格式进行修订,具体内容包括在数据文件中加入了轨道类型、坐标参照系及星历文件中首个历元的 GPS 周数等信息。

1989 年,NGS 开始对其卫星轨道数据格式进行重新审议,除了加入了前面所提及的 EF13 外,又提出了 3 种新轨道数据格式,分别为 SP3、ECF3 和 EF18。随后,又根据所收到的反馈意见,对这些格式进行了一些小的修订,并于 1991 年正式发布。新发布的格式与早先的格式内容非常相似,但包含了卫星钟改正信息,并进行了其他一些改进,使其具有更强的适应性。

SP3 格式文件是文本文件,其基本内容是卫星位置和卫星钟记录,另外,还可以包含卫星的运行速度和钟的变率。若在 SP3 格式文件第一行中有位置记录标记"P",则表示文件中未包含卫星速度信息;若第一行中有速度记录标记"V",则表示在文件中,对每一历元、每一颗卫星均已计算出了卫星的速度和钟的变率。不过需要指出的是,实际上,利用卫星的位置数据,就可以以极高的精度计算出卫星的运行速度。这就是在现代精密卫星轨道数据中,通常未包含卫星速度数据的主要原因。当然,如果用户需要,也可以将轨道数据文件从一种格式转换为另一种格式。另外,除了 GPS 卫星,SP3 格式也可用于表示其他卫星的轨道信息。ECF3 和 EF18 格式是与 SP3 格式相对应的二进制文件格式。

第六章　GPS数据预处理

高精度GPS数据处理的首要关键是高质量的观测数据。一般的商用GPS软件都具有将接收机中的数据下载并转换成标准RINEX格式数据的功能，对于多种接收机来说，数据预处理需要多个软件来处理，使用不太方便。近年来，美国UNAVCO开发的TEQC软件，不仅可完成GNSS数据(GPS、GLONASS、SBAS系统数据)的预处理功能，而且可对每个GPS站点的数据质量进行检查和评估。

第一节　GPS数据下载

处理数据时，有些时候因观测条件不好，形成不了基线，则可以考虑利用全球IGS跟踪站数据，这样需要从其服务网站上下载相应的数据。

一、IGS简介

国际GNSS服务机构(International GNSS Service，简称IGS)是由国际大地测量协会(IAG)协调的一个永久性GPS服务机构，成立于1992年。IGS提供的高质量数据和产品被用于地球科学研究等多个领域。

IGS组织由管理委员会、中央局(含中央局信息系统CBIS)、跟踪网站、数据中心(分别为运行中心、区域中心和全球中心)、分析中心和分析协调机构6个部分及卫星跟踪站、数据中心、分析处理中心等组成，它能够在网上几乎实时地提供高精度的GPS数据和其他数据产品，以满足广泛的科学研究及工程领域的需要。IGS收集、归档、分配足够精度的GPS观测数据以满足一系列的试验及应用需要。IGS利用这些数据形成一系列的数据产品，这些数据产品可以通过因特网获得。值得一提的是，IGS产品的精度已经足够国际大地参考框架组织(ITRF)用来对地球相关参数进行改进和延伸。

二、观测数据

(一)观测数据说明

在服务网页上提供GPS和GNONASS标准RINEX数据、高频数据、实时数据等(表6-1)。

(二)产品数据中心

这些GNSS观测数据都可以从数据中心下载，主要有CDDIS、SOPAC、IGN、KASI、IGSCB几个数据中心。

表 6-1　IGS观测数据产品

产品	滞后	更新	采样率	数据中心
地面观测				
GPS和GLONASS	~1天	每天	30秒	CDDIS(US-MD) SOPAC(US-CA) IGN(FR)
	~1小时	每小时	30秒	CDDIS(US-MD) SOPAC(US-CA) IGN(FR)
	~15分钟	15分钟	1秒	CDDIS(US-MD) IGN(FR)
GPS广播星历	~1天	每天		CDDIS(US-MD) SOPAC(US-CA) IGN(FR)
	~1小时	每小时		CDDIS(US-MD) SOPAC(US-CA) IGN(FR)
	~15分钟	15分钟		CDDIS(US-MD) IGN(FR)
GLONASS广播星历	~1天	每天	每天	CDDIS(US-MD) IGN(FR)
气象数据	~1天	每天	5分钟	CDDIS(US-MD) SOPAC(US-CA) IGN(FR)
	~1小时	每小时	5分钟	CDDIS(US-MD) IGN(FR)
低轨地球卫星观测				
GPS	~4天	每天	10秒	CDDIS(US-MD)

1. 美国CDDIS数据中心(图6-1)

地址为:ftp://cddis.gsfc.nasa.gov

2. 法国IGN数据中心(图6-2)

地址为:ftp://igs.ensg.ign.fr

3. 韩国KASI数据中心(图6-3)

地址为:ftp://nfs.kasi.re.kr

4. 美国SOPAC数据中心(图6-4)

地址:ftp://garner.ucsd.edu

CDDIS: Greenbelt, MD, USA
ftp://cddis.gsfc.nasa.gov
gps/
glonass/
data/
products/
daily/
highrate/
hourly/
satellite/
yyyy/
ddd/
yyd/
(link to this directory,
sample day = 24 June 2002)
yyg/
yym/
yyn/
yyo/
yys/
Daily GPS & GLONASS
observations
(Compact RINEX format)
ssssddd0.yyd

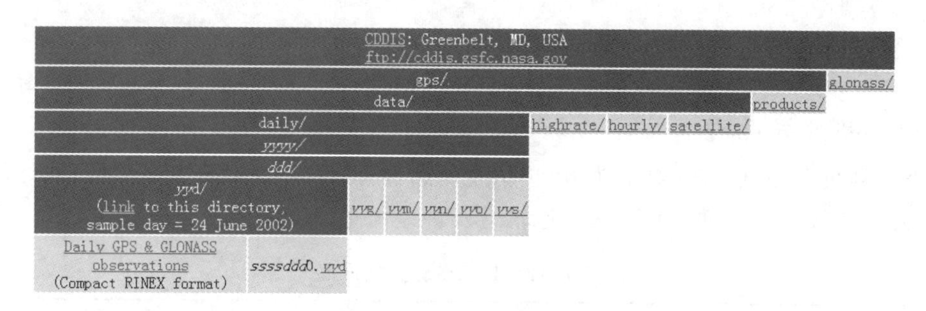

图 6-1　CDDIS数据中心

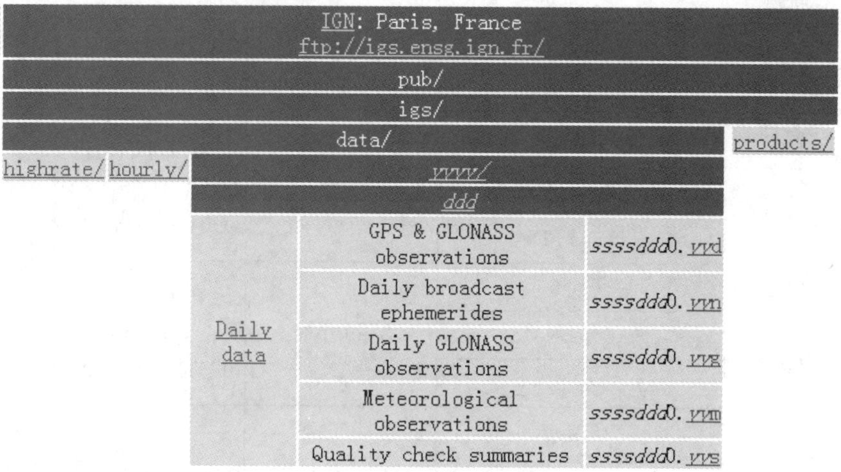

IGN: Paris, France
ftp://igs.ensg.ign.fr/
pub/
igs/
data/
products/
highrate/
hourly/
yyyy/
ddd
Daily data
GPS & GLONASS observations
ssssddd0.yyd
Daily broadcast ephemerides
ssssddd0.yyn
Daily GLONASS observations
ssssddd0.yyg
Meteorological observations
ssssddd0.yym
Quality check summaries
ssssddd0.yys

图 6-2　IGN数据中心

KASI: Daejon, Republic of Korea
ftp://nfs.kasi.re.kr
gps/
glonass/
data/
products/
daily/
hrate/
hourly/
satellite/
yyyy/
ddd/
yyd/
(link to this directory;
sample day = 24 June 2002)
yyg/
yym/
yyn/
yyo/
yys/
Daily GPS & GLONASS
observations
(Compact RINEX format)
ssssddd0.yyd

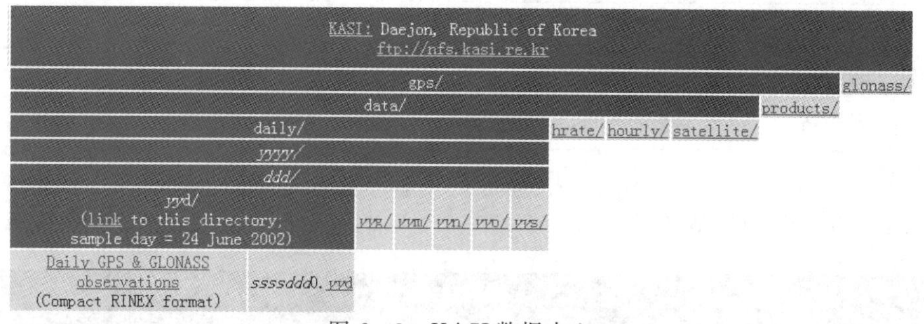

图 6-3　KASI数据中心

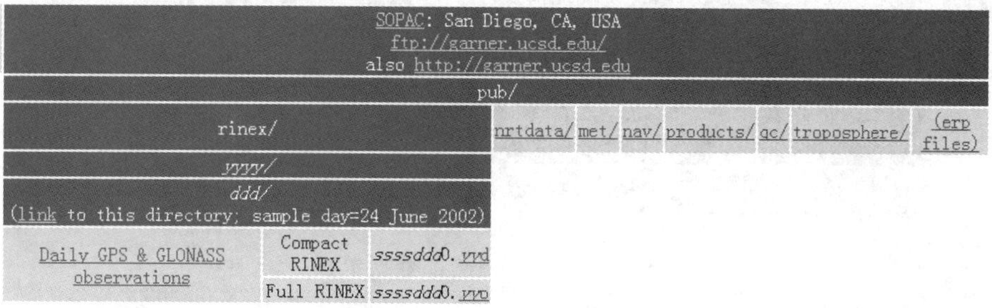

SOPAC: San Diego, CA, USA
ftp://garner.ucsd.edu/
also http://garner.ucsd.edu
pub/
rinex/
nrtdata/
met/
nav/
products/
qc/
troposphere/
(erp files)
yyyy/
ddd/
(link to this directory; sample day=24 June 2002)
Daily GPS & GLONASS observations
Compact RINEX
ssssddd0.yyd
Full RINEX
ssssddd0.yyo

图 6-4　SOPAC数据中心

三、产品数据

（一）产品数据说明

在服务网页上提供 GPS 卫星轨道、星历及测站钟差；GNONASS 卫星星历；地球旋转与定向参数；大气参数。表 6－2 为 GPS 卫星轨道及钟差信息。

表 6－2　IGS 星历数据产品

类型		精度	滞后性	更新	采样率
广播星历	轨道	～100cm	实时	—	每天
	卫星钟	～5ns RMS			
		～2.5ns SDev			
超快速（半预测）	轨道	～5cm	实时	在 UTC03，UTC09，UTC15，UTC21	15 分钟
	卫星钟	～3ns RMS			
		～1.5ns SDev			
超快速（半观测）	轨道	～3cm	3～9 小时	在 UTC03，UTC09，UTC15，UTC21	15 分钟
	卫星钟	～150ps RMS			
		～50ps SDev			
快速星历	轨道	～2.5cm	17～41 小时	每天 UTC17 点	15 分钟
	卫星钟 观测站	～75ps RMS			5 分钟
		～25ps SDev			
精密星历	轨道	～2.5cm	12～18 天	每周三发布	15 分钟
	卫星钟 观测站	～75ps RMS			卫星：30 秒
		～20ps SDev			测站：5 分钟

提供数据的网址如图 6－5 所示。

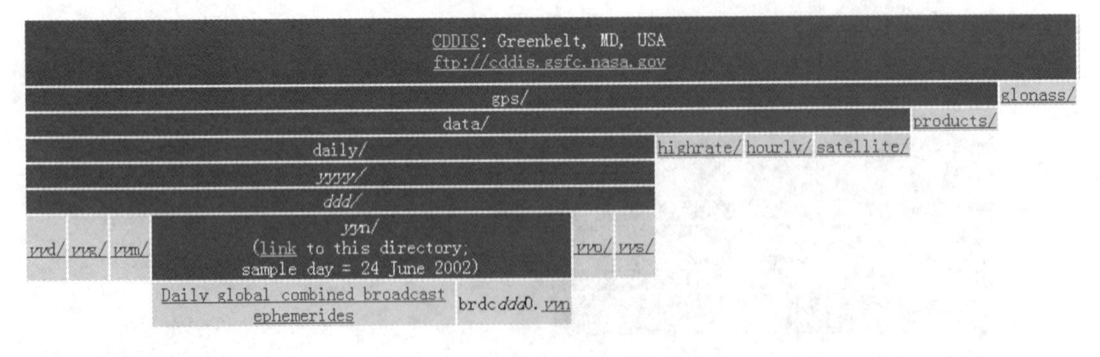

图 6－5　CDDIS 产品数据中心

说明如表 6－3 所示。

表 6-3 数据元说明

参数	描述	说明
d	day of week(0—6)	当前周的第几天，周末为第 0 天
ddd	day of year(1—366)	年积日
hh	2-digit hour of day(00—23)	每天 24 小时制，2 位数字
h	single letter for hour of day(a～x=0～23)	用 a～x 表示 24 小时
mm	minutes within hour	分钟
leo	name of low-earth orbiting satellite	低轨地球卫星名称
ssss	4-character IGS site ID or 4-character LEO ID	站点名，4 位字符，如 bjfs
ww	2-digit week of year(01—53)	2 位周（一年）
wwww	4-digit GPS week	4 位 GPS 周，如 1814
yy	2-digit year	2 位年份，如 14
yyyy	4-digit year	4 位年份，如 2014

(二)产品数据中心

这些 GNSS 数据产品都可以从数据中心下载，主要有 CDDIS、SOPAC、IGN、KASI、IGSCB 几个数据中心。

1. 美国 SOPAC 数据中心（图 6-6）

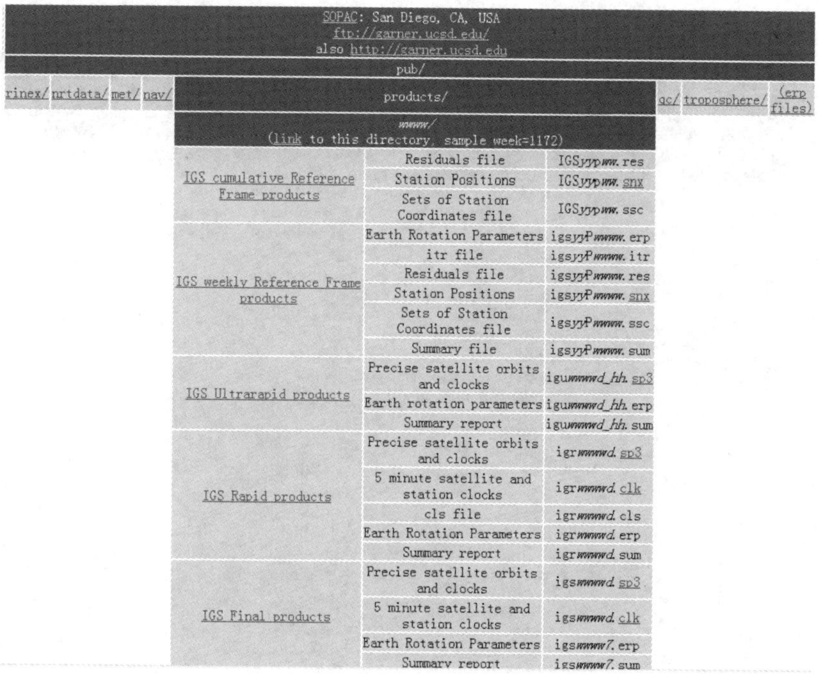

SOPAC: San Diego, CA, USA
ftp://garner.ucsd.edu/
also http://garner.ucsd.edu
pub/
rinex/ nrtdata/ met/ nav/ products/ qc/ troposphere/ (erp files)
wwww/
(link to this directory, sample week=1172)

IGS cumulative Reference Frame products	Residuals file	IGSyypww.res
	Station Positions	IGSyypww.snx
	Sets of Station Coordinates file	IGSyypww.ssc
IGS weekly Reference Frame products	Earth Rotation Parameters	igsyyPwwww.erp
	itr file	igsyyPwwww.itr
	Residuals file	igsyyPwwww.res
	Station Positions	igsyyPwwww.snx
	Sets of Station Coordinates file	igsyyPwwww.ssc
	Summary file	igsyyPwwww.sum
IGS Ultrarapid products	Precise satellite orbits and clocks	iguwwwwd_hh.sp3
	Earth rotation parameters	iguwwwwd_hh.erp
	Summary report	iguwwwwd_hh.sum
IGS Rapid products	Precise satellite orbits and clocks	igrwwwwd.sp3
	5 minute satellite and station clocks	igrwwwwd.clk
	cls file	igrwwwwd.cls
	Earth Rotation Parameters	igrwwwwd.erp
	Summary report	igrwwwwd.sum
IGS Final products	Precise satellite orbits and clocks	igswwwwd.sp3
	5 minute satellite and station clocks	igswwwwd.clk
	Earth Rotation Parameters	igswwww7.erp
	Summary report	igswwww7.sum

图 6-6 SOPAC 轨道星历数据中心

2. 法国IGN数据中心(图6－7)

IGN: Paris, France
ftp://igs.ensg.ign.fr/
pub/
igs/
data/ products/
ionosphere/ tropophere/ wwww/ (link to this directory; sample week=1172) (erp files)

Product	Content	File
IGS weekly Reference Frame products	Earth Rotation Parameters	igsyyPwwww.erp
	itr file	igsyyPwwww.itr
	Station Positions	igsyyPwwww.snx
	ssc file	igsyyPwwww.ssc
	Summary file	igsyyPwwww.sum
IGS Ultrarapid products	Precise satellite orbits and clocks	iguwwwwd_hh.sp3
	Earth rotation parameters	iguwwwwd_hh.erp
	Summary report	iguwwwwd_hh.sum
	Comparative summary report	iguwwwwd_hh_cmp.sum
IGS Rapid products	Precise satellite orbits and clocks	igrwwwwd.sp3
	5 minute satellite and station clocks	igrwwwwd.clk
	cls file	igrwwwwd.cls
	Earth Rotation Parameters	igrwwwwd.erp
	Summary report	igrwwwwd.sum
IGS Final products	Precise satellite orbits and clocks	igswwwwd.sp3
	5 minute satellite and station clocks	igswwwwd.clk
	cls file	igswwwwd.cls
	Earth Rotation Parameters	igswwww7.erp
	Summary report	igswwww7.sum
IGS GLONASS orbit products	Precise satellite orbits and clocks	iglwwwwd.sp3
	Summary report	iglwwwwd7.sum

图6－7　IGN轨道星历数据中心

3. 韩国KASI数据中心(图6－8)

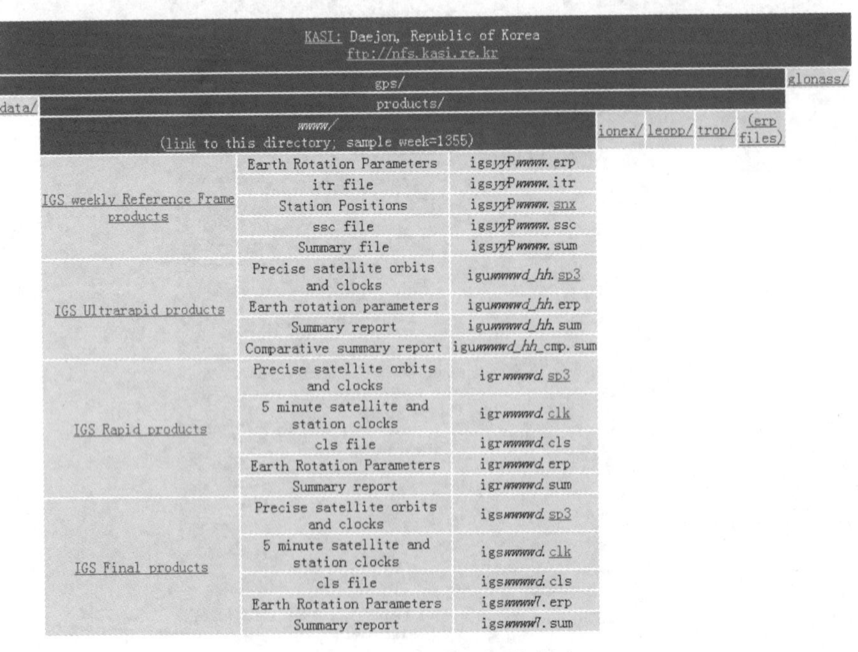

KASI: Daejon, Republic of Korea
ftp://nfs.kasi.re.kr
gps/ glonass/
data/ products/
wwww/ (link to this directory; sample week=1355) ionex/ leopp/ trop/ (erp files)

Product	Content	File
IGS weekly Reference Frame products	Earth Rotation Parameters	igsyyPwwww.erp
	itr file	igsyyPwwww.itr
	Station Positions	igsyyPwwww.snx
	ssc file	igsyyPwwww.ssc
	Summary file	igsyyPwwww.sum
IGS Ultrarapid products	Precise satellite orbits and clocks	iguwwwwd_hh.sp3
	Earth rotation parameters	iguwwwwd_hh.erp
	Summary report	iguwwwwd_hh.sum
	Comparative summary report	iguwwwwd_hh_cmp.sum
IGS Rapid products	Precise satellite orbits and clocks	igrwwwwd.sp3
	5 minute satellite and station clocks	igrwwwwd.clk
	cls file	igrwwwwd.cls
	Earth Rotation Parameters	igrwwwwd.erp
	Summary report	igrwwwwd.sum
IGS Final products	Precise satellite orbits and clocks	igswwwwd.sp3
	5 minute satellite and station clocks	igswwwwd.clk
	cls file	igswwwwd.cls
	Earth Rotation Parameters	igswwww7.erp
	Summary report	igswwww7.sum

图6－8　KASI轨道星历数据中心

4. 美国 IGSCB 数据中心(图 6－9)

KASI: Daejon, Republic of Korea	IGS CB: Pasadena, CA, USA ftp://igscb.jpl.nasa.gov		
pub/			
product/			
wwww/ (link to this directory; sample week=1172)			(erp files)
IGS Ultrarapid products	Precise satellite orbits and clocks	iguwwwwd_hh.sp3	
	Earth rotation parameters	iguwwwwd_hh.erp	
	Summary report	iguwwwwd_hh.sum	
	Comparative summary report	iguwwwwd_hh_cmp.sum	
IGS Rapid products	Precise satellite orbits and clocks	igrwwwwd.sp3	
	5 minute satellite and station clocks	igrwwwwd.clk	
	cls file	igrwwwwd.cls	
	Earth Rotation Parameters	igrwwwwd.erp	
	Summary report	igrwwwwd.sum	
IGS Final products	Precise satellite orbits and clocks	igswwwwd.sp3	
	clk file	igrwwwwd.clk	
	cls file	igrwwwwd.cls	
	Earth Rotation Parameters	igswwww7.erp	
	Summary report	igswwww7.sum	

图 6－9　IGSCB 轨道星历数据中心

四、数据下载

以下载 2014 年 10 月 13 日中国境内的 IGS 跟踪站为例进行说明。中国参与 IGS 数据共享的主要站点有 bjfs(北京房山)、shao(上海佘山)、chan(吉林长春)、lhaz(西藏拉萨)、kunm(云南昆明)、guao(乌鲁木齐南山)、urum(乌鲁木齐)、wuhn(湖北武汉)、xian(陕西西安)、twtf(台湾桃园)等。

需要先行准备 ftp 软件,如 leapftp、cuteftp 等,也可以采用迅雷等软件进行下载。

(一)RINEX 下载

1. 打开 LeapFTP 软件,在地址栏中输入 ftp://nfs.kasi.re.kr

双击 gps 目录(图 6－10)。

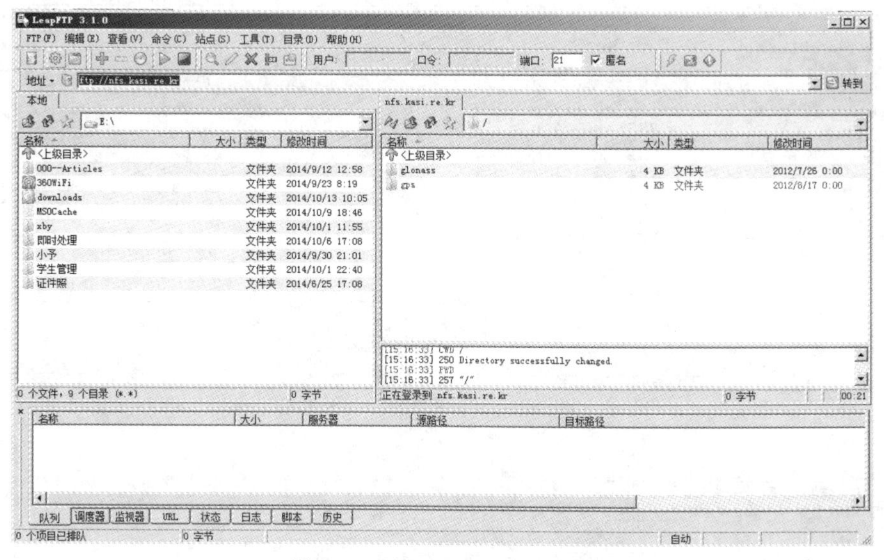

图 6－10　LeapFTP 软件界面

2. 进入 data 目录(图 6－11)

其中:daily 为单天数据; highrate 为存放高频数据; hourly 为每小时数据;satellite 为卫星数据。进入 daily 目录。

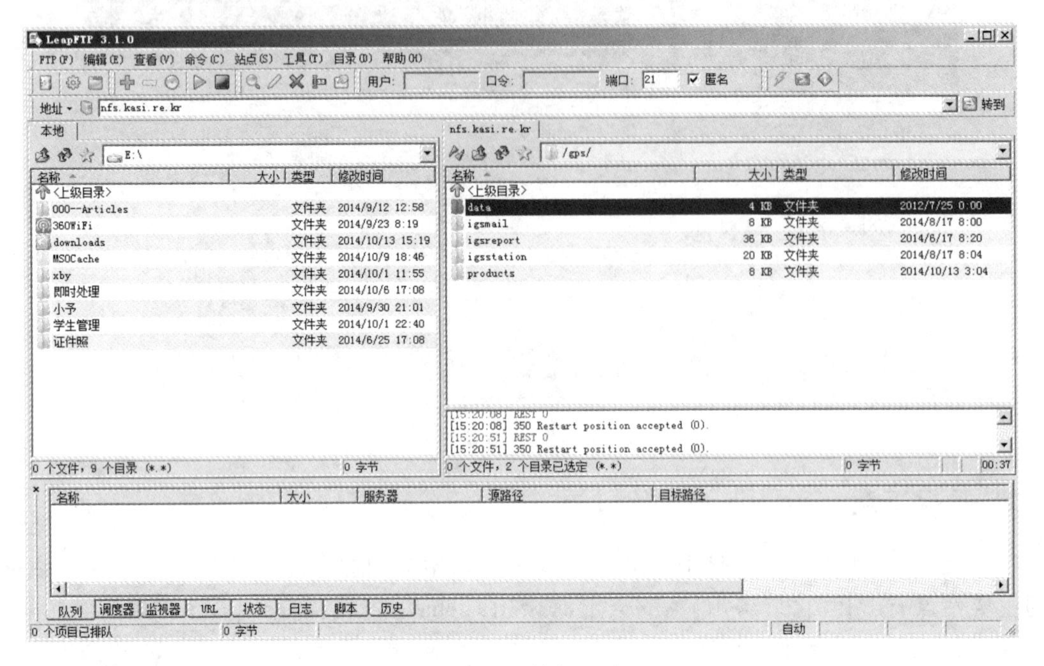

图 6－11　数据目录

3. 计算年积日

利用相关软件计算所需要日期的年积日,如 283 天为 2014 年 10 月 10 日,进入该文件夹(图 6－12)。

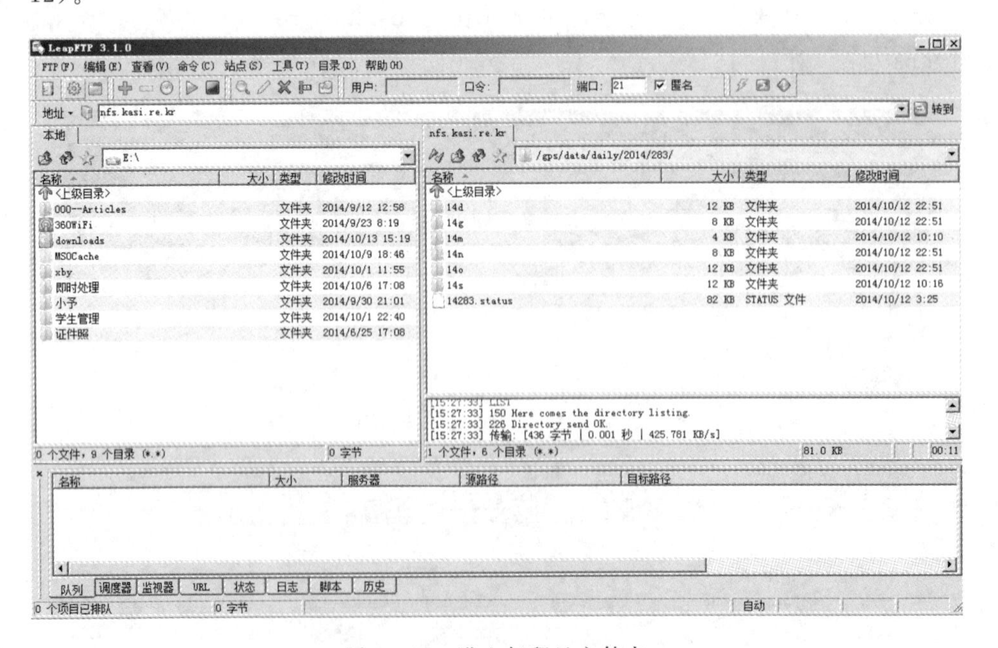

图 6－12　进入年积日文件夹

其中:14d 为压缩的单天数据;14g 为 GLONASS 数据;14m 为气象数据;14n 为导航数据;14o 为未压缩的单天数据;14s 为汇总数据,即经过 teqc 检查的汇总文件。

进入 14o。

4. 下载数据

选择需要的数据,右键下载,即可完成(图 6-13)。

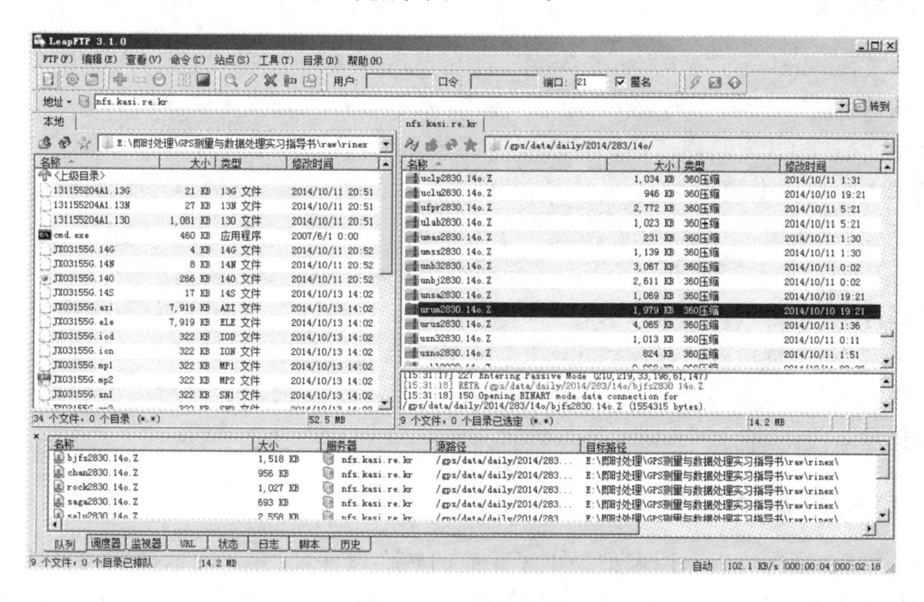

图 6-13　下载数据

(二)Products 下载

下载星历及轨道信息,直接进入/gps/products/1813/(其中 1813 需要计算获得,可通过相差软件进行计算),精密星历以 igs 开头,快速星历以 igr 开头,超快速星历以 igu 开头。

如下载第 5 天的数据(即 2014 年 10 月 10 日,为当前 GPS 周的第 5 天)(图 6-14)。

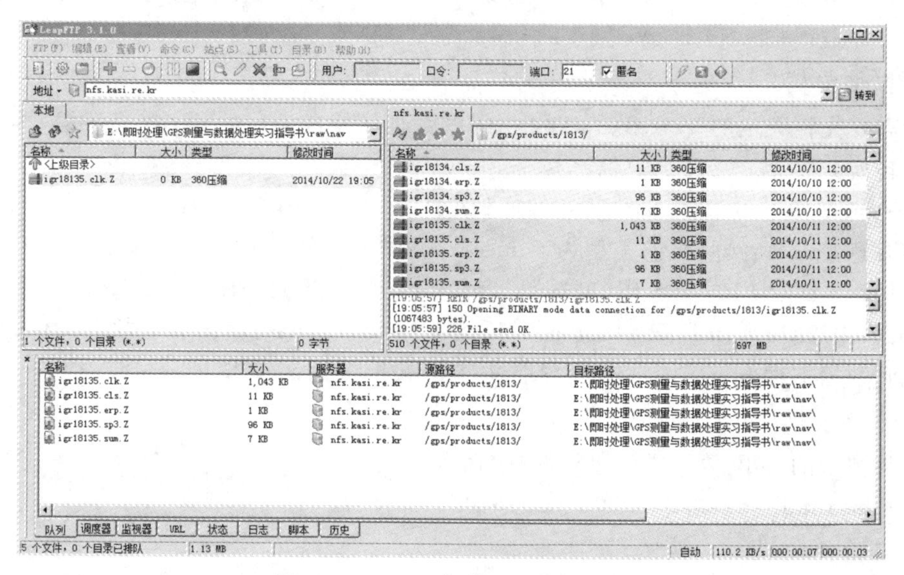

图 6-14　GPS 轨道星历数据下载

第二节　GPS数据转换

一、TEQC软件

TEQC(Translation,Editing and Quality Checking)是功能强大且简单易用的GNSS数据预处理软件,是由UNAVCO Facility(美国卫星导航系统与地壳形变观测研究大学联合体)研制的为地学研究GPS监测站数据管理服务的公开免费软件,主要有格式转换、数据编辑、质量检查及单点定位4个模块,各个模块是相互独立、互不影响的,既可以单独使用其中的一个模块,也可以组合使用。其中,格式转换可将许多不同厂家的GPS接收机观测(二进制)文件转换为RINEX文件,也可以在RINEX文件的不同格式之间转换;编辑功能可用于RINEX文件字头块部分,也可进行数据文件的任意切割与合并、观测值类型的删减、卫星系统的选择及特定卫星的禁用;质量检查可以反映出GPS数据的电离层延迟、多路径影响、接收机周跳、卫星信号信噪比等信息,并基于第三方的软件实现了可视化。TEQC通过命令行操作,能够运行在多种操作系统上,包括Unix、Linux、MacOS以及Windows的DOS等。

二、TEQC数据转换

大部分GPS接收机生产厂家都提供了相应的转换软件,但并非完全标准,在实际使用中,经常遇到格式不兼容的问题。TEQC软件的格式转换具有很好的通用性和较强的功能,适用于目前较常用的多数GPS接收机,而且还在不断地扩展。它主要是通过读入数据文件的开头部分来自动识别接收机的类型。

TEQC能转换国外比较流行的GPS接收机所接收的原始数据文件,如美国的AOA、ASHTECH、MOTOROLA、TRIMBLE、TECOM INDUSRTIES、ROGUE,瑞士的LEICA,加拿大的CMC,瑞士的WILD,日本的拓普康等,但是对中国产的接收机原始数据文件的支持远远不够。

1. 天宝接收机

一般需要先将天定的T00、T01、T02格式的数据转换成天定的dat格式数据,再利用以下命令进行转换:

teqc -tr do-week 1813+nav bjfs2840.14n bjfs2840.dat>bjfs2840.14o

各参数意义:-tr:接收机的类型为trimble;do:输入文件为dat文件、输出为RINEX观测数据o文件;-week 1813:GPS周(可选),也可以年/月/日方式表示(teqc -tr do -week 2014/10/11+nav bjfs2840.14n bjfs2840.dat>bjfs2840.14o);+nav:输出导航数据文件;转换结果文件为观测数据文件bjfs2840.14o和导航文件bjfs2840.14n。

2. 徕卡接收机

直接将徕卡的mdb数据文件进行转换,命令为:

teqc -leica mdb jxxj2840.m00>jxxj2840.14o

3. 拓普康接收机

拓普康的tps数据文件转换的命令行为:

teqc - top tps jxfz2840. tps>jxfz2840. 14o

4. 其他类型接收机

上述命令的控制参数设置项根据 GPS 接收机种类的不同可自行设置，常用的 GPS 类型对应的控制参数如表 6 - 4 所示。

表 6 - 4　TEQC 软件数据转换参数

控制参数	对应的 GPS 类型	控制参数	对应的 GPS 类型
－aoa	AOA(JPL)	－roc[kwell]	Rockwell
－ash[tech]	Ashtech	－tr[imble]	Trimble
－cmc	Canadian Marconi	－top[con]	Topcon
－lei[ca]	Leica	－rogue	Rogue
－mot[orola]	Motorola	－wild	Wild

注：[ ]表示可以简写，也可以写全。

三、商用软件数据转换

除利用第三方软件进行数据转换外，一般的商用软件都自带数据转换功能，将原始观测数据转换成标准的 RINEX 数据。

(一)南方数据转换

从默认安装目录 C:\Program Files\南方测绘仪器公司\南方 GNSS 后处理程序下找到 ToRinex. exe 程序，双击运行如图 6 - 15 所示。

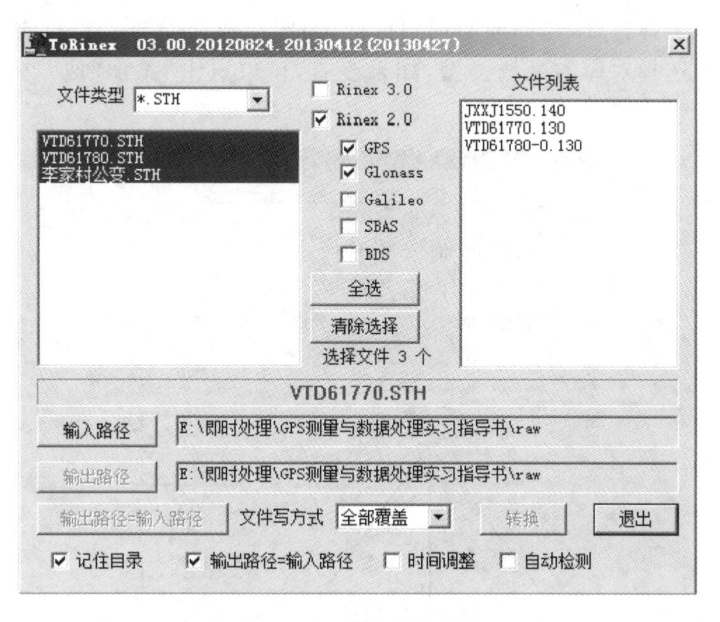

图 6 - 15　南方数据转换

点击“输入路径”，选择原始观测数据所在的目录，再勾选“输出路径=输入路径”，转出格式可以选择“Rinex3.0”或“Rinex2.0”，大部分的软件处理为 2.0 版本的 Rinex 数据，建议勾选“Rinex2.0”选项。从左边选择原始数据列表，点击“转换”执行。可以看到右边会有转换好的数据显示。

（二）华测数据转换

从默认安装目录 C:\Program Files\HuaceNav\CHC Geomatics Office\CHC Geomatics Office 下找到 RINEX Converter.exe 程序，双击运行如图 6-16 所示。

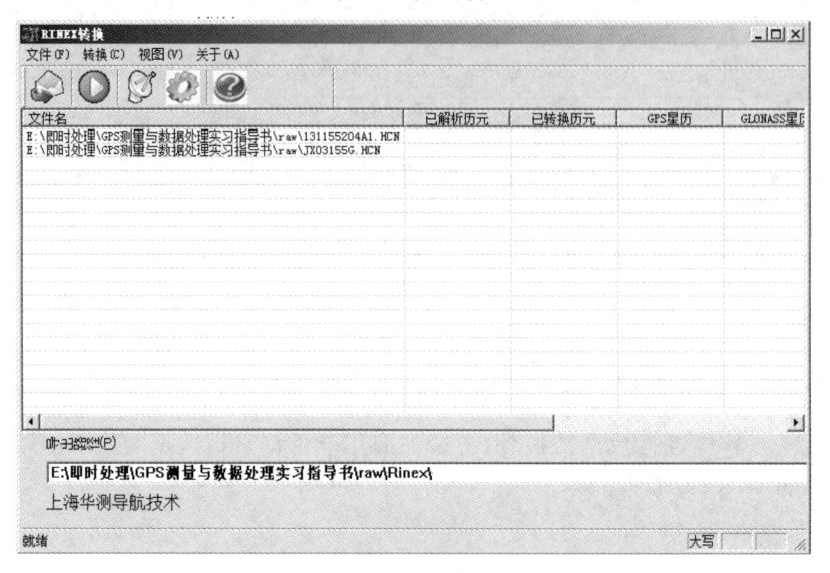

图 6-16　华测数据转换界面

“文件”菜单中选择打开，选择原始观测数据，确定后将文件导入到当前窗口。再点击“天线管理”，从列表中选择对应的天线类型，如果没有，可以点击“添加”或“修改”进行天线管理（图 6-17）。

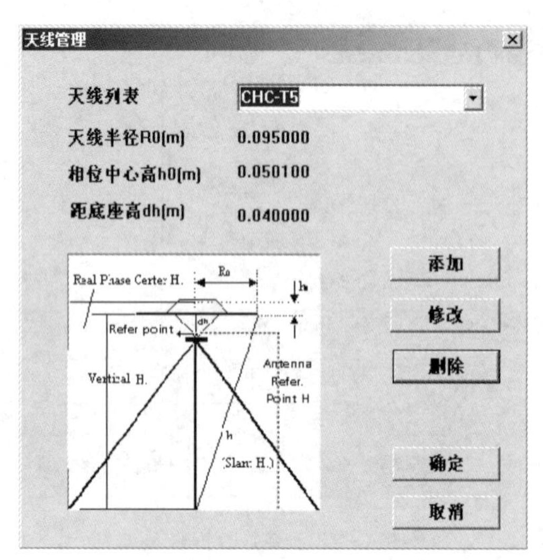

图 6-17　华测天线管理

再点击工具栏“选项”，弹出选项设置窗口（图 6－18）。

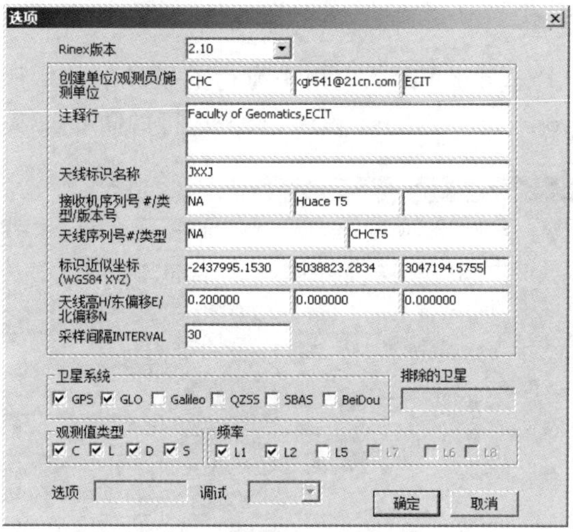

选项
Rinex版本 2.10
创建单位/观测员/施测单位 CHC kgr541@21cn.com ECIT
注释行 Faculty of Geomatics,ECIT
天线标识名称 JXXJ
接收机序列号#/类型/版本号 NA Huace T5
天线序列号#/类型 NA CHCT5
标识近似坐标(WGS84 XYZ) -2437995.1530 5038823.2834 3047194.5755
天线高H/东偏移E/北偏移N 0.200000 0.000000 0.000000
采样间隔INTERVAL 30
卫星系统 GPS GLO Galileo QZSS SBAS BeiDou
排除的卫星
观测值类型 C L D S
频率 L1 L2 L5 L7 L6 L8
选项 调试 确定 取消

图 6－18　选项更改

进行版本设置，Rinex 头文件的设置。设置好后确定，再从“转换”菜单中选择“天线高设置”（图 6－19）。

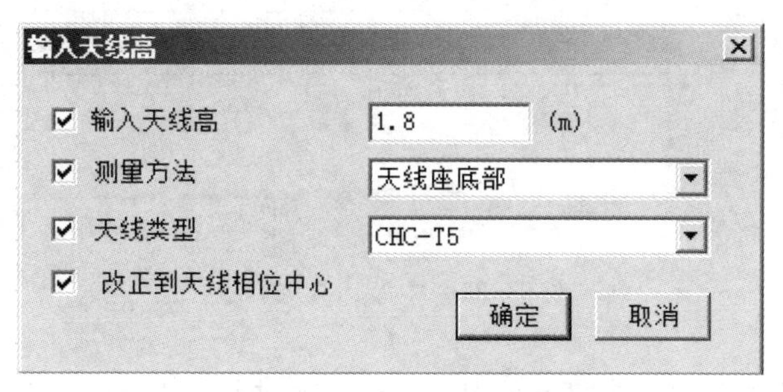

图 6－19　天线高设置

勾选“改正到天线相位中心”，输入“天线高”，选择“测量方法”“天线类型”，确认无误后确定。点击工具栏“转换成 RINEX 按钮”，执行转换（图 6－20）。

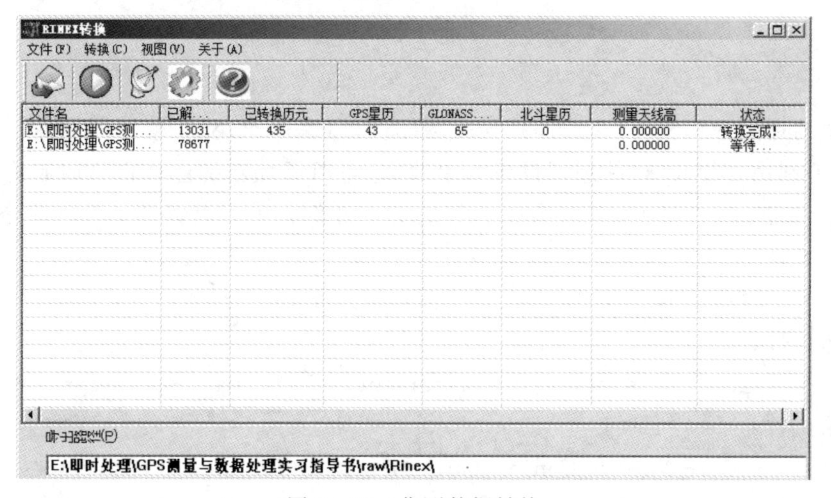

图 6－20　华测数据转换

若要看到转换后的结果，选择对应的文件栏，右键，即可通过记事本查看 RINEX 文件。

(三)中海达数据转换

从默认安装目录 C:\Program Files\广州中海达卫星导航技术股份有限公司\HGO 数据处理软件包\bin 下找到 convertrinex.exe 程序，双击运行如图 6－21 所示。

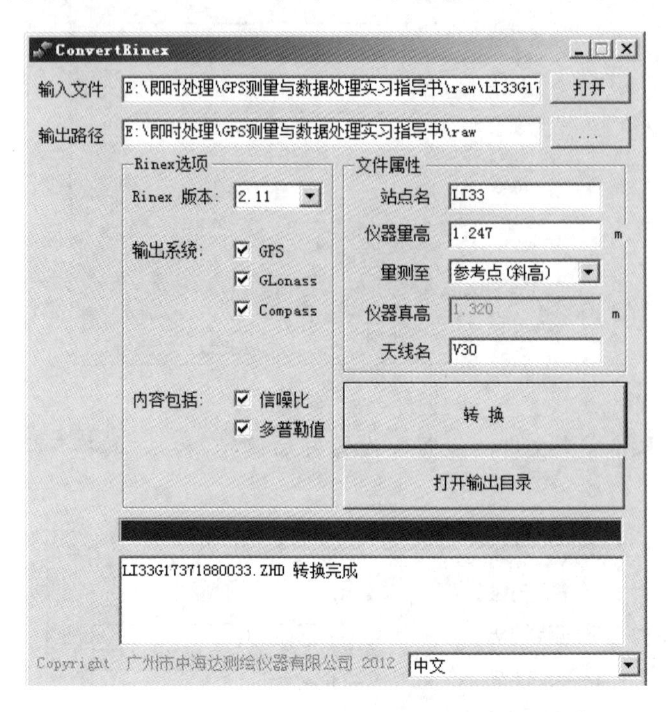

图 6－21　中海达数据转换

点击“打开”，选择原始观测数据，对 RINEX 选项进行选择，再设置站点名、仪器高、量测模式、天线名等信息，设置完毕，确认无误后点击“转换”即可完成，输出 RINEX 文件。

第三节　GPS 数据编辑

RINEX 的观测数据文件(＊.yro)、导航数据文件(＊.yrn)和气象数据文件(＊.yrm)的文件头部分都可利用 TEQC 软件进行设置和更改，还可以添加新的注释行且原有的注释行保持不变。利用 TEQC 软件对 RINEX 数据文件的头文件部分进行设置和更改的命令如下。

(1)观测文件：

teqc－O.<option> <argument> Input_rnx>Output_rnx

(2)导航文件：

teqc－N.<option> <argument> Input_nav>Output_nav

(3)气象文件：

teqc－M.<option> <argument> Input_met>Output_met

式中：option 为对应的参数表；argument 为需要修改的参数内容；Input，Output 分别为输入和输出的文件。

如修改观测人员信息：

teqc -O. o xgr541@21cn. com -O. ag ECIT jxxj2850. 14o>jxxj2850. 14o. new

式中：-O. o xgr541@21cn. com 指明了观测者的邮件地址，如果该文件有问题，可以发邮件至此邮箱进行交流，建议用邮箱地址作为观测者名称，以便其他人员处理时方便使用；-O. ag ECIT 指明了观测者的单位信息。

在这里必须重新设置输出文件名，即不能与被处理文件 jxxj2850. 14o 同名，否则输出文件为空文件。这里我们组合了两个参数进行使用，还可以增加更多参数同时使用，减少输入的麻烦。

除了修改观测者信息外，还可以修改其他信息。需要了解更多的参数及使用，可以利用以下命令进行输出：

teqc＋help>teqc. hlp. txt

将帮助文件输出到 teqc. hlp. txt 文件中，再打开文件查看具体的参数使用。下面我们介绍一些常用的操作。

一、RINEX 截取

在我们进行 GPS 数据观测时，一般情况下刚开始一段时间的观测数据精度较差，所以对观测数据文件中时间的选取就势在必行。在 TEQC 中，利用时间窗口可对 RINEX 文件进行任意的切割，使得对 RINEX 文件的提取相当容易。时间窗的设置常采用以下几种格式：

1. [start]＋d[Y,M,d,h,m,s]方式

指定以 RINEX 文件开始观测时间为上限的时间间隔＋d[Y,M,d,h,m,s]。若提取的时间段以年(月/日/小时/分钟/秒)为单位则控制参数应为 dY(dM/dd/dh/dm/ds)，例如提取 jxxj2850. 14o 中前 2 个小时的数据命令：

teqc＋dh2 jxxj2850. 14o>jxxj285a. 14o

2. -st [yyyymmddhhmmss. sss] －e [yyyymmddhhmmss. sss]方式

提取时间段 st [yyyymmddhhmmss. sss]到 e[yyyymmddhhmmss. sss]的观测数据。如要想提取 jxxj2840. 14o 中 12～14 点的数据，命令如下：

teqc -st 20141011120000. 00 -e 20141011135930. 00 jxxj2840. 14o>jxxj284e. 14o

二、RINEX 合并

有些时候采用的是自动观测，碰到断电或其他事件，数据自动存储为新的文件，这样就可能在单天产生多个观测文件，我们处理时需要将其合并为一个文件，TEQC 既然可以对 RINEX 进行切割，就可以对其进行合并。合并命令：

teqc -phc jxxj285 * . 14o>jxxj2850. 14o. new

表示把 jxxj285 * . 14o 文件合并为 jxxj2850. 14o. new 并输出。这里可以使用通配符 *，将全部文件写出。

三、卫星系统的选择和特定卫星的禁用

现今 GPS 接收机可以接收的信息有 GPS(美国)、GLONASS(俄罗斯)、SBAS(星基增强

系统)、Galileo(欧洲)、MIXED(混合)几类,对应代码为G、R、S、E、M。另外以后可能接收COMPASS(中国北斗,代码为C)。如GIPSY现在只能处理GPS卫星信息,大部分的软件一般不处理GLONASS卫星星座,可以使用TEQC进行卫星的选用,如去掉GLONASS卫星数据的命令是:

teqc -O.sys G -R jxxj2850.14o>jxxj2850.14o.new

禁用某颗GPS卫星的观测数据命令是:

teqc -G # jxxj285*.14o>jxxj2850.14o.new

其中#为卫星的编号。

四、设置卫星高度角

电离层延迟、多路径效应、接收机噪声是影响GPS数据质量的主要因素,在进行对流层和电离层延迟分析时,需要考虑低高度角卫星,用如下指令可以设置卫星高度角限值。命令为:

teqc -set -mask# In_rnx>Out_rnx

#为高度角,如要把jxxj2850.14o中卫星的高度角限值设为10度,命令为:

teqc -set -mask 10 jxxj2850.14o>jxxj2850.14o.new

五、设置观测值类型

接收机接收信号种类有载波相位L1和L2,加载于L1的伪距C1,加载于L1和L2上的P码P1、P2;加载于L1和L2上的多普勒频率D1和D2;T1(150MHz)和T2(400MHz)集成在多普勒等。选取并按指定顺序形成RINEX文件的命令是:

teqc -O.obs L1L2C1P1P2 jxxj2850.14o>jxxj2850.14o.new

表示按L1L2C1P1P2的顺序输出到新的文件中。

对于有些软件不能处理C2或其他的观测值,可以用上述命令去除,也可以用:

teqc -C2 jxxj2850.14o>jxxj2850.14o.new

六、多路径有关设置

在TEQC中,可以对多路径效应进行相应的设置。

1.多路径效应的开启和关闭

开启多路径效应的命令格式为:

teqc+ma jxxj2850.14o>jxxj2850.14o.new

关闭多路径效应的命令格式为:

teqc -ma jxxj2850.14o>jxxj2850.14o.new

2.多路径误差的均值设定

L1的期望的多路径误差均值设定命令:

teqc -mp1_rms #jxxj2850.14o>jxxj2850.14o.new

L2的期望的多路径误差均值设定命令:

teqc -mp2_rms #jxxj2850.14o>jxxj2850.14o.new

其中,#是以厘米为单位的,L1的默认值为50cm,L2的默认值为65cm。

七、采样间隔设定

在GPS测量中，尤其是静态控制测量，一般观测间隔设定为30秒。根据需要，高精度大地型GPS接收机可能设置成不同采样率，小于1秒的为高频数据，默认为30秒采样，可以将高频数据抽稀(如将1秒转化为30秒)，但不能内插成高采样数据。值得注意的是在进行数据质量检查之前，teqc不能处理无时间间隔的观测数据，因此此步必须最先执行。

teqc－O.int ＃ jxxj2850.14o>jxxj2850.14o.new

其中，＃>0。

八、观测墩设置

对每个站增加测站改正物理模型时，需要利用站名唯一性设置，所以该项不能为空，一般设置成四位长度；对于一些比较特别的IGS站点，可能还会与GPS并址SLR等大地测量功能(如SHAO)，只改MARKER NAME也可能会出现重复情况，因此还需要更改MARKER NUMBER，这样就可知是GPS站点，而不是SLR或其他类型的站点。

teqc－O.mo SHAO－O.mn21609M001 shao0010.10o>shao0010.10o.new

九、天线及接收机设置

1.接收机设置

不同的接收设备，写入的数据可能改正不一样，并且需要人工处理，有些接收机型号可能会简写，如将TRIMBLE NETR8型号的写成NETR8，导致软件无法正确识别，从而无法正确处理结果。

teqc -O.rt “TRIMBLE NETR8”- O.rn 4921172713 － O.rv “Version 1.4”
xumu3000.09o>xumu3000.09o.new

一般情况下，接收机的类型为两列，且为大写字母状态。所以需要利用引号括起来。

2.天线设置

不同的天线，其改正参数不同。不管是相对天线模型还是绝对天线模型，需要正确识别天线的类型，命令中的NONE为无天线罩(DOME)情况，如果是连续站，可能的DOME情况有：JPLM、SNOW、SCIS等。

teqc -O.at “TRM41249.00　NONE”- O.an 60249215 xumu3000.09o>
xumu3000.09o.new

需要说明的是，天线类型必须为20列字符，中间长度不够需要用空格补齐。如果没有天线罩，可以不写NONE，命令行为如下：

teqc－O.at TRM41249.00－O.an 60249215 xumu3000.09o>xumu3000.09o.new

十、近似坐标设置

头信息当中有接收机的近似坐标时，在计算精确坐标可以迭代较少次即可。若没有给定近似坐标，则计算量增大。命令中是以米为单位的，一般要求近似坐标不要大于1km即可较好地收敛。尤其是进行动态定位时，则更需要有较精确的初始坐标。

teqc -O.px－106942.1700 5549274.7500 3139222.2700 lhaz0010.09o>

lhaz0010.09o.new

十一、观测文件信息查询

1. teqc＋config jxxj2850.14o

通过此命令可以看到观测文件 file 的各项设置，包括 GPS 的频道设置，GPS、GLONASS、GLNASS 卫星的编号设定，卫星周等信息。

2. teqc＋meta jxxj2850.14o

通过此命令可显示观测文件的名称、大小、始末历元、采样率、测站名、站点编号、天线编号、天线类型、天线在大地坐标系中的坐标、天线高、接收机编号、接收机类型、坐标系等信息（图 6－22）。

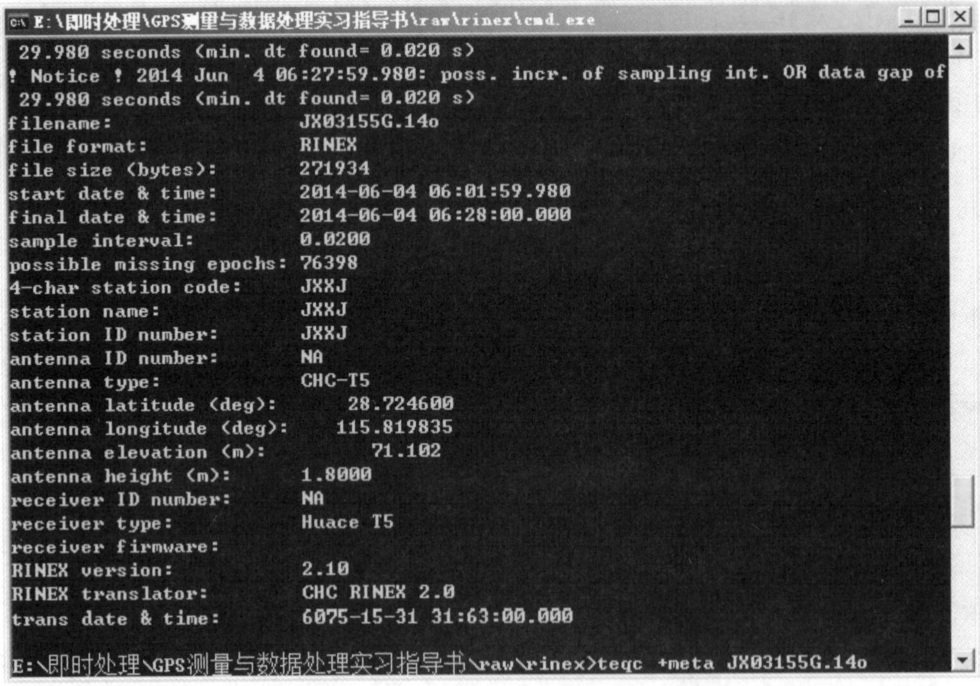

```
E:\即时处理\GPS测量与数据处理实习指导书\raw\rinex\cmd.exe
 29.980 seconds (min. dt found= 0.020 s)
! Notice ! 2014 Jun  4 06:27:59.980: poss. incr. of sampling int. OR data gap of
 29.980 seconds (min. dt found= 0.020 s)
filename:                  JX03155G.14o
file format:               RINEX
file size (bytes):         271934
start date & time:         2014-06-04 06:01:59.980
final date & time:         2014-06-04 06:28:00.000
sample interval:           0.0200
possible missing epochs:   76398
4-char station code:       JXXJ
station name:              JXXJ
station ID number:         JXXJ
antenna ID number:         NA
antenna type:              CHC-T5
antenna latitude (deg):        28.724600
antenna longitude (deg):      115.819835
antenna elevation (m):            71.102
antenna height (m):        1.8000
receiver ID number:        NA
receiver type:             Huace T5
receiver firmware:
RINEX version:             2.10
RINEX translator:          CHC RINEX 2.0
trans date & time:         6075-15-31 31:63:00.000

E:\即时处理\GPS测量与数据处理实习指导书\raw\rinex>teqc +meta JX03155G.14o
```

图 6－22 DOS状态运行 TEQC 软件

第四节 GPS 数据质量检查

TEQC 单点数据质量检查主要利用伪距和载波相位观测值的线性组合方法，计算出观测量的多路径效应、电离层延迟对相位的影响、电离层延迟变化以及接收机的钟漂和周跳等，并在此基础上，对单点数据及其广播星历信息进行数据质量分析。

单点数据质量检查和评价的内容主要有：

(1)L1 载波上的 C/A 码或 P 码的多路径观测误差。

(2)L2 载波上的 P 码多路径观测误差。

(3)L2 电离层影响误差及电离层延迟变化率。

(4)L1/L2 载波上的信噪比及接收机的钟漂、周跳等。

TEQC 质量检查分两种模式:qc－lite 和 qc－full。如果只有观测值 O 文件而没有导航 N 文件,TEQC 在 qc－lite 的模式下运行,生成后缀为 *. yrS、*. iod、*. ion、*. mpl、*. mp2、*. snl、*. sn2;如果既有观测值 O 文件又有导航 N 文件,TEQC 在 qc－full 模式下运行,除生成上述文件以外,还生成另外两个文件:*. azi、*. ele。各个文件的具体说明如表 6－5 所示。

表 6－5　TEQC 质量检查生成的文件

名称	说明
*. yrS	汇总文件
*. iod	电离层延迟变化率
*. ion	L1 载波的电离层延迟
*. mpl	L1 载波 C/A 码或 P 码伪距的多路径影响
*. mp2	L2 载波 P 码伪距的多路径影响
*. snl	L1 载波的信噪比
*. sn2	L2 载波的信噪比
*. azi	卫星方位角
*. ele	卫星高度角

*. yrS 是 TEQC 软件检查结果的核心部分,列出了历元,观测时间,观测值删除率,时钟漂移,平均多路径误差 MP1、MP2,周跳等,可用于对观测数据的质量评定。MP1、MP2 分别表示 L1、L2 载波上的多路径效应对伪距和相位影响的综合指标。

一、TEQC 质量检查

TEQC 数据质量检查功能可以处理静态或动态双频 GNSS 接收机数据。只有单点数据并且包含广播星历信息才能进行数据质量检查,主要利用了伪距和载波相位观测值的线性组合方法。根据是否利用导航文件信息,TEQC 分为 lite 和 full 两种检核方式。

1. lite 模式

如果输入文件只有 RINEX 观测数据文件而没有导航数据文件,那么 TEQC 将会在 lite 方式下运行。命令行输入:

teqc＋qc bjfs2840. 14o

TEQC 则对文件 bjfs2840. 14o 在 lite 方式下进行质量检核。通常在缺省状态下,质量检核的结果会生成报告文件 bjfs2840. 14S 和数据文件 bjfs2840. ion、bjfs2840. iod、bjfs2840. mp1、bjfs2840. mp2、bjfs2840. sn1、bjfs2840. sn2。

2. full 模式(图 6－23)

如果输入文件为 RINEX 观测数据文件和导航数据文件,命令行输入:

teqc+qc bjfs2840.14o

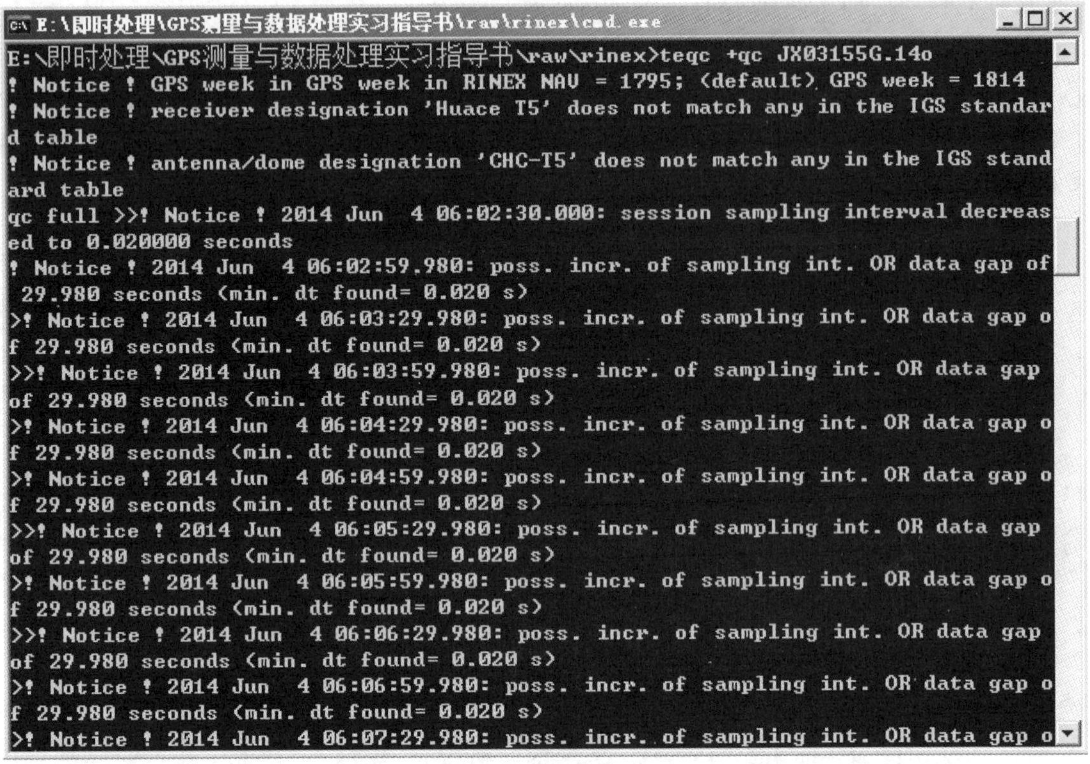

```
E:\即时处理\GPS测量与数据处理实习指导书\raw\rinex\cmd.exe
E:\即时处理\GPS测量与数据处理实习指导书\raw\rinex>teqc +qc JX03155G.14o
! Notice ! GPS week in GPS week in RINEX NAV = 1795; (default) GPS week = 1814
! Notice ! receiver designation 'Huace T5' does not match any in the IGS standar
d table
! Notice ! antenna/dome designation 'CHC-T5' does not match any in the IGS stand
ard table
qc full >>! Notice ! 2014 Jun  4 06:02:30.000: session sampling interval decreas
ed to 0.020000 seconds
! Notice ! 2014 Jun  4 06:02:59.980: poss. incr. of sampling int. OR data gap of
 29.980 seconds (min. dt found= 0.020 s)
>! Notice ! 2014 Jun  4 06:03:29.980: poss. incr. of sampling int. OR data gap o
f 29.980 seconds (min. dt found= 0.020 s)
>>! Notice ! 2014 Jun  4 06:03:59.980: poss. incr. of sampling int. OR data gap
of 29.980 seconds (min. dt found= 0.020 s)
>! Notice ! 2014 Jun  4 06:04:29.980: poss. incr. of sampling int. OR data gap o
f 29.980 seconds (min. dt found= 0.020 s)
>! Notice ! 2014 Jun  4 06:04:59.980: poss. incr. of sampling int. OR data gap o
f 29.980 seconds (min. dt found= 0.020 s)
>>! Notice ! 2014 Jun  4 06:05:29.980: poss. incr. of sampling int. OR data gap
of 29.980 seconds (min. dt found= 0.020 s)
>! Notice ! 2014 Jun  4 06:05:59.980: poss. incr. of sampling int. OR data gap o
f 29.980 seconds (min. dt found= 0.020 s)
>>! Notice ! 2014 Jun  4 06:06:29.980: poss. incr. of sampling int. OR data gap
of 29.980 seconds (min. dt found= 0.020 s)
>! Notice ! 2014 Jun  4 06:06:59.980: poss. incr. of sampling int. OR data gap o
f 29.980 seconds (min. dt found= 0.020 s)
>! Notice ! 2014 Jun  4 06:07:29.980: poss. incr. of sampling int. OR data gap o
```

图 6-23　TEQC 质量检查

导航数据文件和观测数据文件在同一目录下，则 TEQC 会自动搜索导航数据文件，也可以用-nav 指定，即运行：

teqc+qc-nav bjfs2840.14n bjfs2840.14o

此时 TEQC 则对文件 bjfs2840.14o 在 full 方式下进行质量检核。检核的结果除 lite 方式下的报告文件和数据文件外，还增添了卫星和接收机天线的位置信息以及两个数据文件 bjfs2840.azi 和 bjfs2840.ele。

生成的 bjfs2840.14S 称之为质量汇总文件，包括有各个接受卫星的数据质量状态。其中的参数信息如下。

(1)信息总结：信息包含各颗卫星的接收数据情况，观测时间，文件名，开始历元、结束历元，GPS 天线在 WGS-84 中的坐标，在大地坐标系中的坐标，采样率，没捕捉到的卫星数目及编号，在 RINEX 中的期望观测值数，采集百分比，多路径平均误差，平均移动点数，始终漂移，探测到的周跳数，卫星两个高度角之间的观测值数目信息。

(2)观测统计量：平均多路径误差，总平均高度角，周跳数目等。

(3)QC 设置参数：接收机的通道最大值，电离层延迟变化率的最大允许值，期望的平均多路径误差等。

数据文件又称为视图文件，在 GPS 数据质量检核中，除汇总文件外的所有文件，通称为视图文件。

对于检核后的生成文件，UNAVCO网站上提供了与TEQC相关的辅助软件QCVIEW32及TEQCPLOT对数据质量检核结果进行分析。

(1)QCVIEW32与TEQC类似，在DOS操作系统下运行。

(2)TEQCPLOT提供的MATLAB程序，将TEQC质量检核后生产的文件sn1、sn2、mp1、mp2、ion、iod、ele、azi成图以帮助用户进行直观的分析。

(3)TEQCSPEC的频谱分析工具可进行多路径的频谱分析。

可以利用上述软件对数据质量检查结果进行分析，使得观测数据的质量在图像上得到直观的反映(图6-24)。

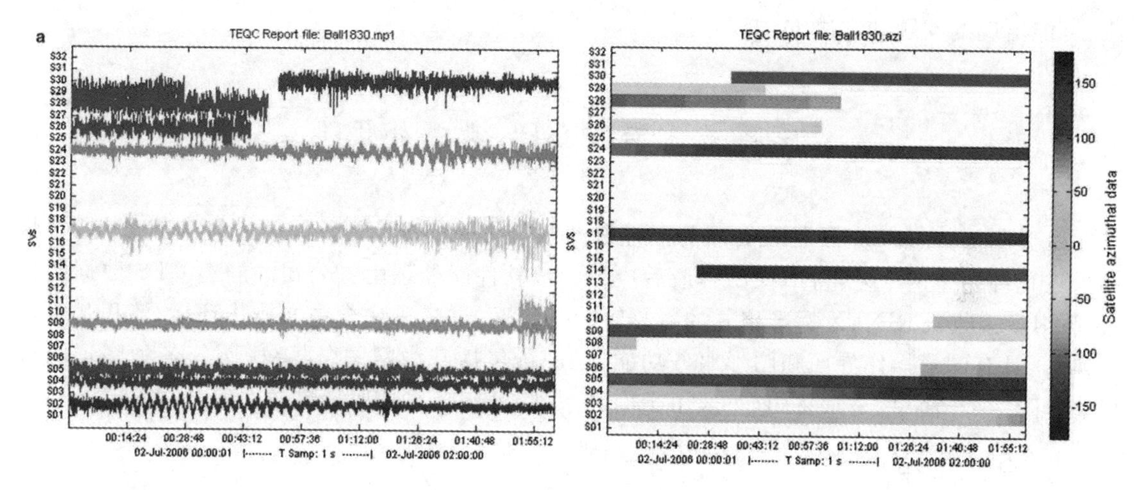

图6-24 图形化检查输出结果

二、TEQC单点定位

虽然TEQC是一专业的GPS数据预处理软件，但是也可进行各历元伪距的单点定位。可以输出为空间坐标系和大地坐标系下两种坐标位置信息。

1. 空间坐标系

计算单点在空间坐标系中的坐标命令格式：

teqc＋qc＋eepx bjfs2850.14o＞bjfs285.xyz.txt

2. 大地坐标系

计算单点在大地坐标系中的坐标命令格式：

teqc ＋qc＋eepg bjfs2850.14o＞bjfs285.llh.txt

注意：

(1)在所进行操作的目录下必须有导航文件。

(2)可以利用生成的数据文件，在EXCEL软件中打开，生成坐标的时间序列图。

第七章　商用随机GPS软件数据处理

本章将通过算例讲述南方测绘静态GPS数据处理软件处理GPS静态观测数据的使用方法、可能出现的问题和解决方法。

第一节　南方GPS数据处理

南方测绘的GPSADJ基线处理与平差软件主要是对GPS星历数据进行基线处理,并将结果进行约束整网平差,得出控制网最后成果。该软件能处理南方公司的静态GPS数据各种进口GPS接收机RINEX标准格式的数据。软件界面友好,采用全中文操作环境,流程化管理与操作,具有图形操作界面和图形服务功能,可进行包括基线网图、误差椭圆等各种图形的输出、打印。操作简单,易学易用,一般用于南方系列GPS接收机观测数据处理。

一、新建工程

在图7-1所示建立项目中根据要求完成各个项目的填写并点击“确认”按钮确认。在选择坐标系时若是自定义坐标系点击“定义坐标系统”按钮,弹出对话框如图7-2所示,根据“系统参数”中的配置完成自定义坐标系。

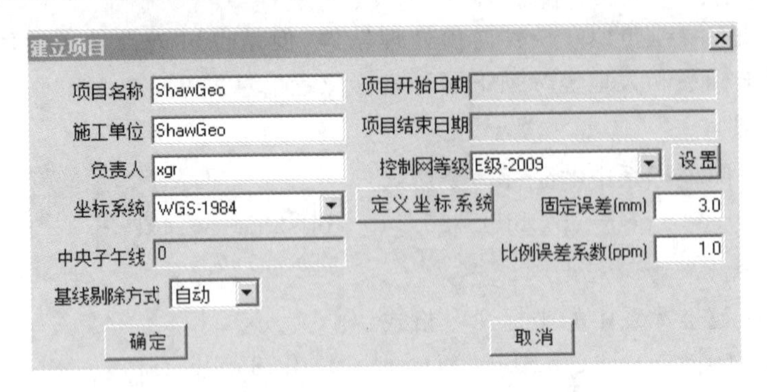

图7-1　新建工程

二、增加观测数据

将野外采集数据调入软件,可以用鼠标左键点击文件,一个个单选,也可“全选” 所有文件,下列文件为南方标准文件,也可以选择标准的RINEX文件(图7-3)。

点击“确定”按钮,右下角状态栏会出现数据录入进度条,然后稍等片刻,调入完毕后,网图如图7-4所示。

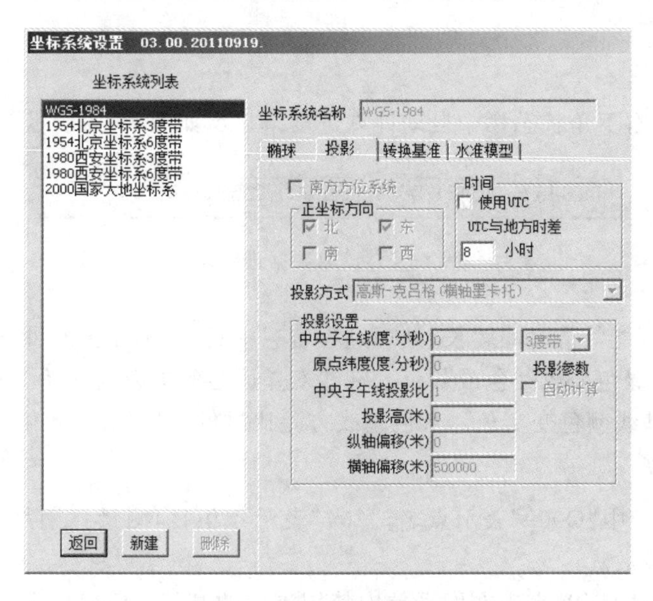

图 7-2　坐标系统设置

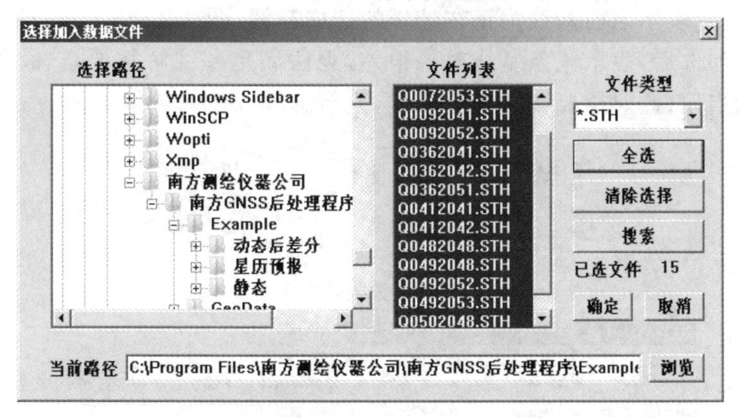

图 7-3　选择数据

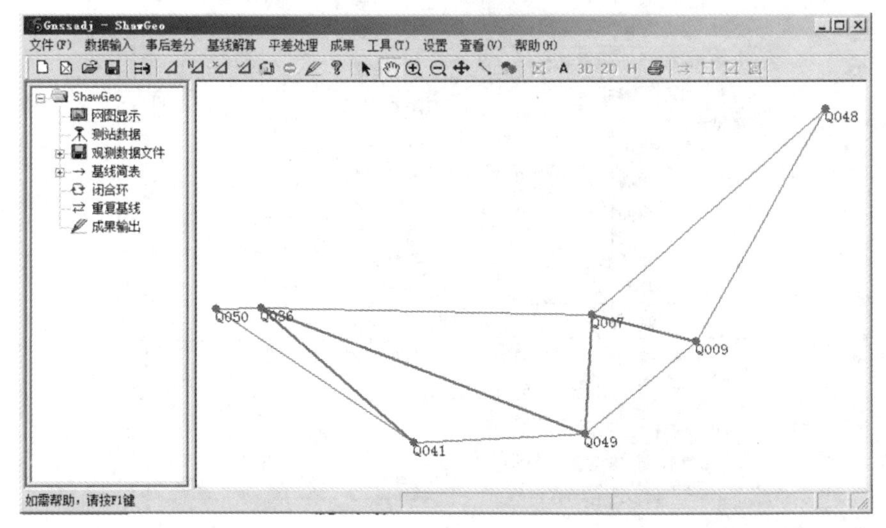

图 7-4　网图

三、解算基线

选择全部解算，右下角状态栏中自动计算进度条显示如图 7－5 所示。

BaseLine 15(2) Q0092052-Q0072052

图 7－5　读取数据进度条

这一解算过程可能等待时间较长，处理过程若想中断，点击停止即可。基线处理完全结束后，颜色已由原来的绿色变成红色或灰色。基线双差固定解方差比大于 3 的基线变红（软件默认值 3），小于 3 的基线颜色变灰色。灰色基线方差比过低，可以进行重解。

（一）基本设置

文件“Q0092041”中“Q009”表示点名，“204”表示年积日，测量日期是 1 年 365 天中的第 204 天，“1”表示时段数。

“禁止在网平差中使用”表现在网平差中禁用当前的基线、“新增基线”表示当前基线为新增基线、“选中基线”表示当前基线为正在处理的选中基线（图 7－6）。当灰色选项（“自动禁止使用”）框被自动勾选后，表示该条基线效果很差，无法满足基线解算要求，软件自动禁止使用的基线无法人为启用，此时需要调整解算条件，重新解算（图 7－7）。

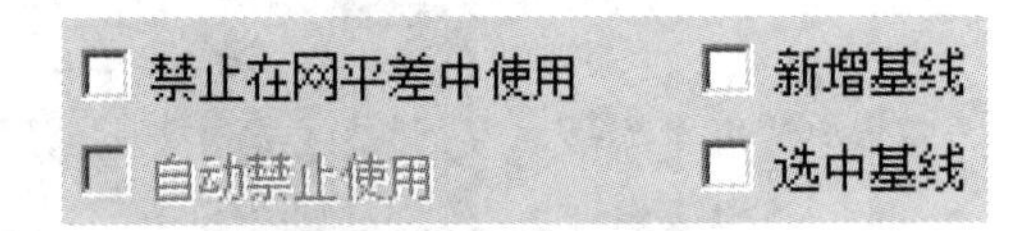

图 7－6　基线处理参数

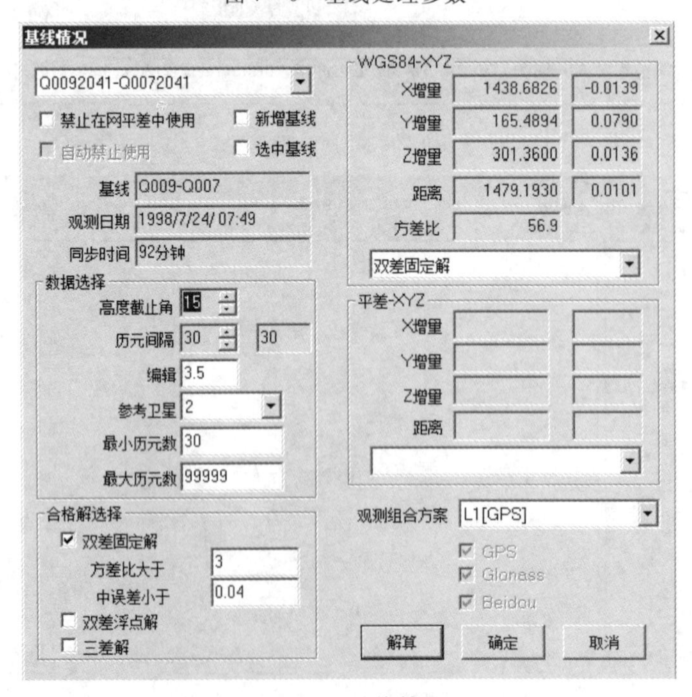

图 7－7　基线情况

(二)数据选择

数据选择系列中的条件是对基线进行重新解算的重要条件。可以对高度截止角和历元间隔进行组合设置完成基线的重新解算以提高基线的方差比。历元间隔中的左边第一个数字历元项为解算历元,第二项为数据采集历元。当解算历元小于采集历元时,软件解算采用采集历元,反之则采用设置的解算历元。"编辑"中的数字表示误差放大系数(图 7-8)。

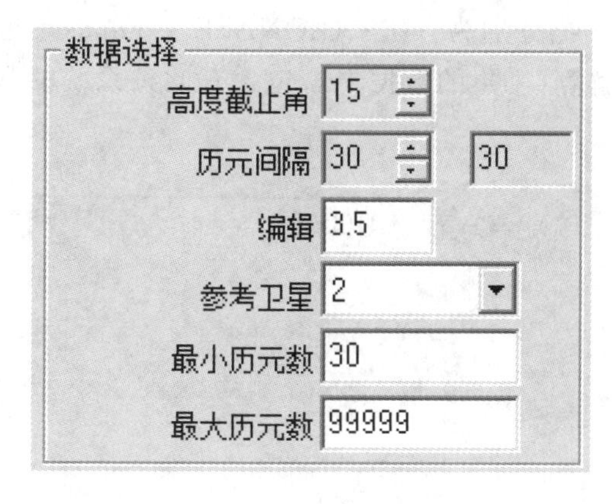

图 7-8 数据选择

1. 高度截止角

(1)当基线详解中查看到卫星数目足够多,适当增加高度截止角,尽量让高空卫星数据进入解算。

(2)当基线详解中查看到卫星数目比较少时(最低解算要求 4 颗以上卫星),适当降低高度截止角,尽量让更多的卫星数据进入解算。

2. 历元间隔

(1) 对基线同步观测时间较短时,可缩小历元间隔,让更多的数据参与解算。同步观测时间较长时,要增加历元间隔,让更少的数据参与解算。

(2)数据周跳较多时,要增加历元间隔,这样可跳过中断的数据继续解算。

(三)合格解选择

合格解选择为设置基线解的方法,分别有"双差固定解""双差浮点解""三差解"3 种,默认设置为"双差固定解"(图 7-9)。

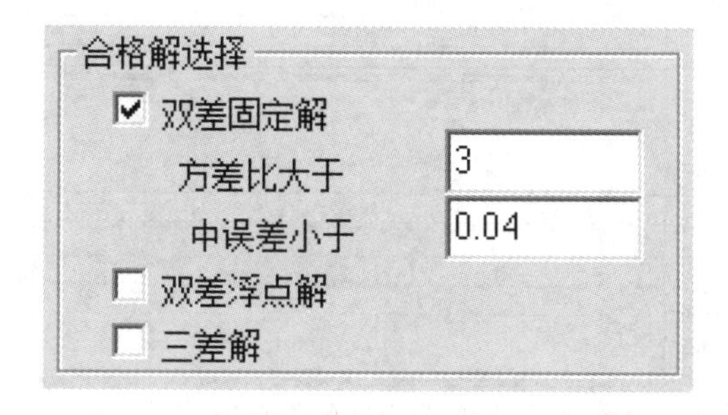

图 7-9 合格解选择

(1)固定解:基于载波的伪距进行双差后,消除时钟误差和大气层误差,只剩下整周模糊度，在初始化中先解算出整周模糊度，然后再进行定位解算。

(2)浮点解：把整周模糊度作为未知数，在双差方程中解算。

(3)三差解：在二次差的基础上进一步消去了整周模糊度参数，三差解的几何强度较差，一般在 GPS 测量中广泛采用双差固定。

(四)组合方案

观测组合方案中 3 种系统分别为：GPS、GlONASS、Compass(北斗)，具体调试基线时可以使用多种系统混合组合解算(采集的数据中需包含有此种系统的数据)，也可以使用单一的系统解算(图 7－10)。

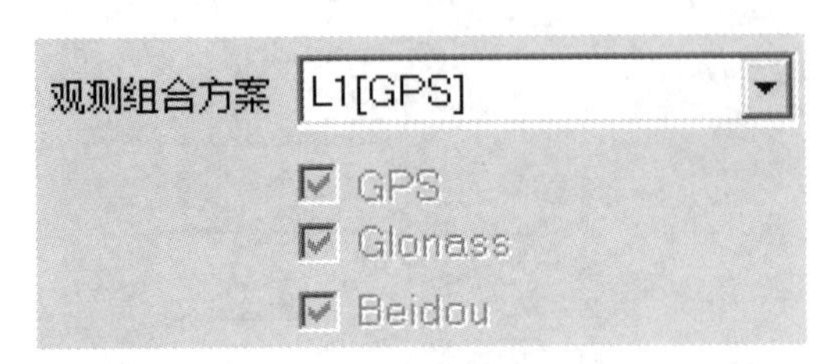

图 7－10　观测组合方案

在观测组合方案的下拉菜单中包含有 L1(GPS)、L2(GPS)、LW(GPS)、LN(GPS)、ION Free(GPS)、Geometry Free(GPS)、ION Free(GNSS)7 种组合方案。一般情况下短基线采用 L1(GPS)，长基线一般采用 ION Free(GPS)、Geometry Free(GPS)、ION Free(GNSS)。对于北斗系统数据，在解算时只能选用 ION Free(GNSS)一种组合方案。在反复组合高度截止角和历元间隔进行解算仍不合格的情况下，可点状态栏基线简表查看该条基线详表。点击左边状态栏中“基线简表”，点击具体基线“Q0092041－Q0072041”，显示栏中会显示基线详情，如图 7－11 所示。

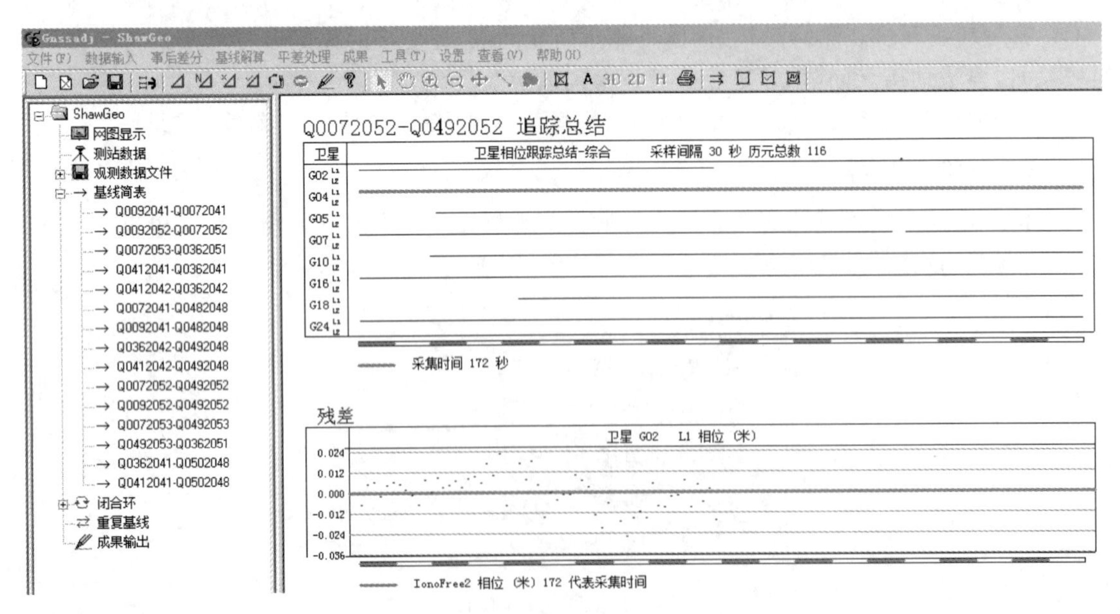

图 7－11　基线简表

可以查看此条基线解算的具体情况，如参与解算的具体卫星，解算中使用的数据量的大小，以及每颗卫星的残差的大小，一般残差的范围在±0.25周以内。

图7-12中详细列出了每条基线的测站、星历情况，以及基线解算处理中周跳、剔除、精度分析等处理情况。在基线简表窗口中将显示基线处理的情况，先解算三差解，最后解算出双差解，点击该基线可查看三差解、双差浮动解、双差固定解的详细情况。

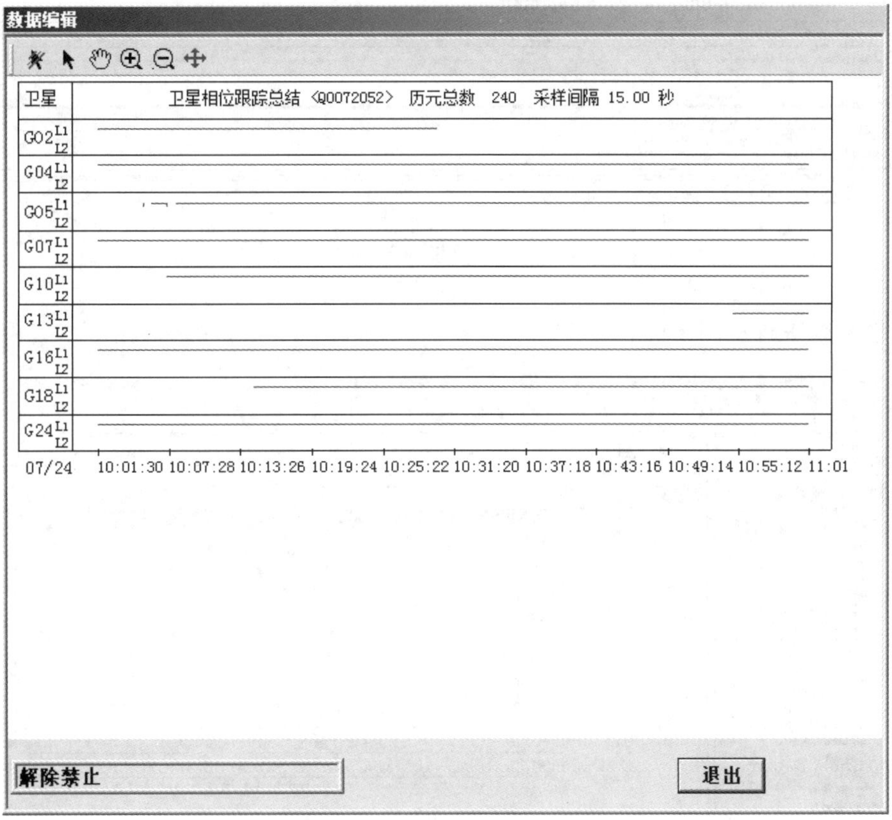

数据编辑

卫星　卫星相位跟踪总结 <Q0072052> 历元总数 240 采样间隔 15.00 秒

G02 L1 L2
G04 L1 L2
G05 L1 L2
G07 L1 L2
G10 L1 L2
G13 L1 L2
G16 L1 L2
G18 L1 L2
G24 L1 L2

07/24 10:01:30 10:07:28 10:13:26 10:19:24 10:25:22 10:31:20 10:37:18 10:43:16 10:49:14 10:55:12 11:01

解除禁止　退出

图7-12 数据编辑

(五)残差图

在基线解算时，经常要判断影响基线解算结果质量的因素，或需要确定哪颗卫星或哪段时间的观测值质量上有问题，残差图对于完成这些工作非常有用。所谓残差图就是根据观测值的残差绘制的一种图表。如需要查看残差可在基线简表选择具体基线。

图7-13是GPS卫星G06、G08的残差图，横轴表示数据采集时间，纵轴表示观测值的残差，一般残差是一种正态分布及围绕零轴上下震动，一般残差在±0.25周以内。

(六)数据剔除

无效历元过多可在左边状态栏中观测数据文件下剔除，例如在Q0072041.STH数据双击弹出数据编辑框。点中 ，然后按住鼠标左键拖拉圈住上图中有历元中断的地方即可剔除无效历元，点中 可恢复剔除历元。在删除了无效历元后从解基线，若基线仍不合格，就应该考

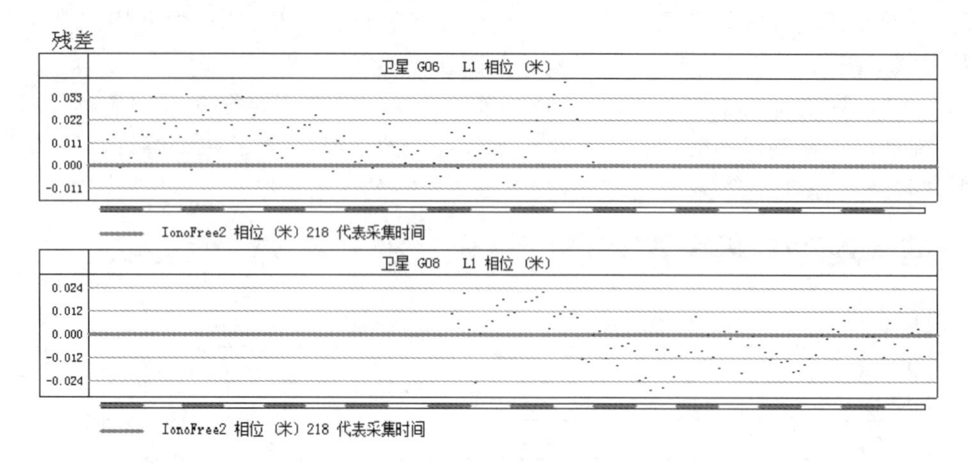

图 7-13　卫星残差序列图

虑对不合格基线进行重测了(图 7-14)。

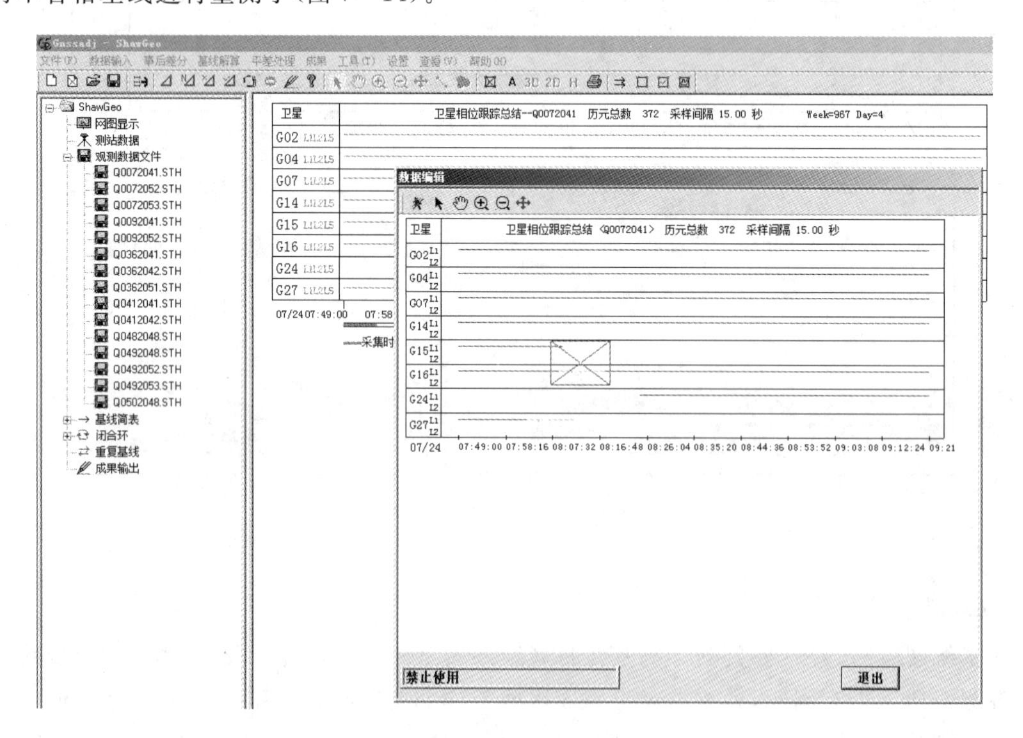

图 7-14　数据编辑整理

四、检查闭合环和重复基线

待基线解算合格后(少数几条解算基线不合格可让其不参与平差),在“闭合环”窗口中进行闭合差计算。首先,对同步时段任一三边同步环的坐标分量闭合差和全长相对闭合差按独立环闭合差要求进行同步环检核,然后计算异步环。程序将自动搜索所有的同步、异步闭合环。搜索闭合环点左边状态栏中闭合环,图 7-15 显示闭合差。

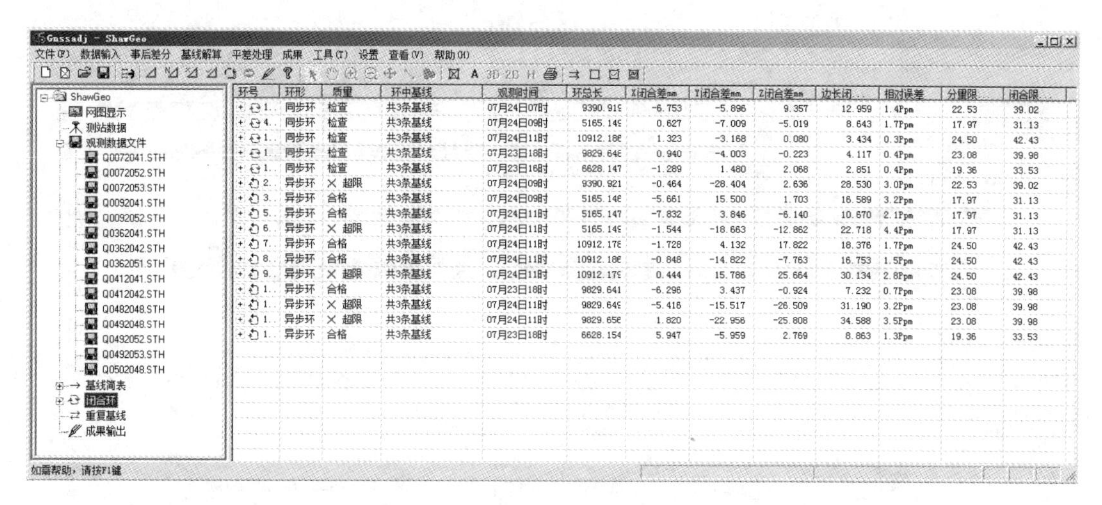

图 7－15　检查闭合环与重复基线

从图 7－15 中可以看出，此网所有的同步闭合环均小于 10×10^{-6}，小于四等网（$\leqslant10\times10^{-6}$）的要求。闭合差如果超限，那么必须剔除粗差基线。

点击“基线简表”状态栏重新算。根据基线解算以及闭合差计算的具体情况，对一些基线进行重新解算，在具有多次观测基线的情况下可以不使用或者删除该基线。在出现孤点（即该点仅有一条合格基线相连）的情况下，必须野外重测该基线或者闭合环。

五、网平差及高程拟合

（一）数据录入

输入已知点坐标，给定约束条件。控制网中 Q009 为已知约束点在点击“数据输入”菜单中的“坐标数据录入”，弹出对话框如图 7－16 所示，在“请选择”中选中“Q009”，单击“Q009”对应的“北向 X”的空白框后，空白框就被激活，此时可录入坐标。通过以上操作最终完成已知数据的录入。

（二）平差处理

进行整网无约束平差和已知点联合平差。根据以下步骤依次处理：

（1）自动处理。基线处理完后点此菜单，软件将会自动选择合格基线组网，进行环闭合差。

（2）三维平差。进行 WGS－84 坐标系下的自由网平差。

（3）二维平差。把已知点坐标带入网中进行整网约束二维平差。但要注意的是，当已知点的点位误差太大时，软件会提示，如图 7－17 所示。在此时点击“二维平差”是不能进行计算的。用户需要对已知数据进行检核。

（4）高程拟合。根据“平差参数设置”中的高程拟合方案对观测点进行高程计算。

注：“网平差计算”的功能可以一次实现以上几个步骤。

六、动态数据后处理

动态路线处理即后差分数据处理。后差分与实时动态不一样，实时动态能够当场就知道

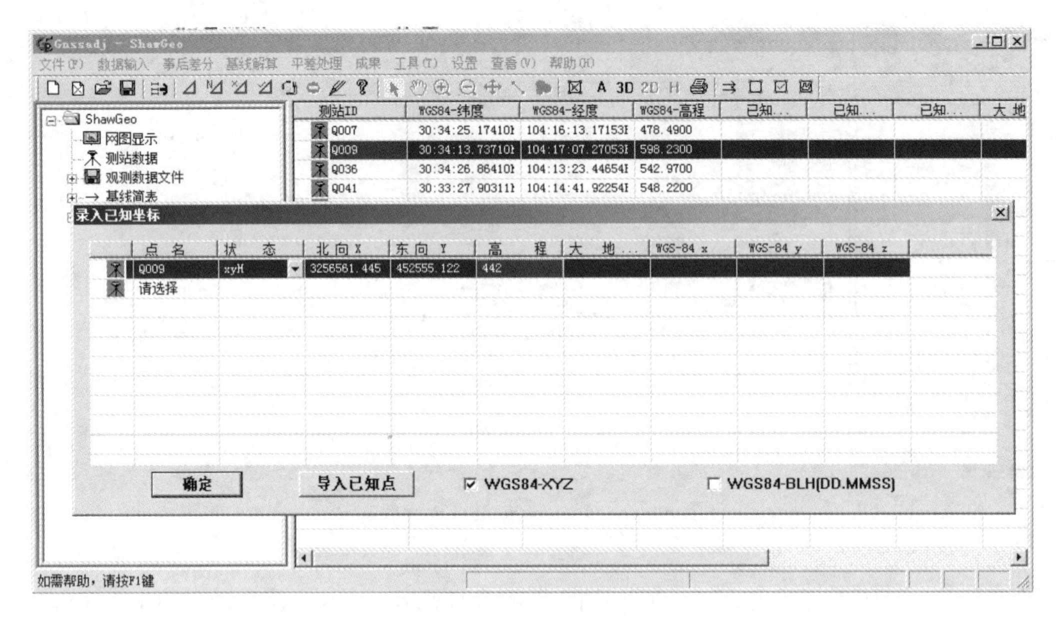

图7-16　录入已知点坐标

图7-17　坐标差异大

测量的结果，而后差分却要等到内业处理时才能得到结果质量。软件主要是通过后差分GPS采集的数据，利用伪距差分原理来计算离散点位的位置坐标。数据经过处理可方便进入CAD进行图形编辑，数据成果可导入MapInfo等GIS系统。处理基本步骤为以下4步：

(1)新建工程项目。

(2)增加基准站数据和移动站数据。

(3)输入当地参数及已知点，约束后差分解算。

(4)成果输出。

1.新建工程项目

点击“新建”，弹出窗口，填好项目的相关信息(图7-18)。

2.增加观测文件

点击“数据输入”下“增加观测文件”或增加观测文件快捷键后在弹出的选择文件对话框中选中“观测数据”，点击“确定”后完成数据录入工作。需要强调的是两个文件必须是同步观测的文件(图7-19)。

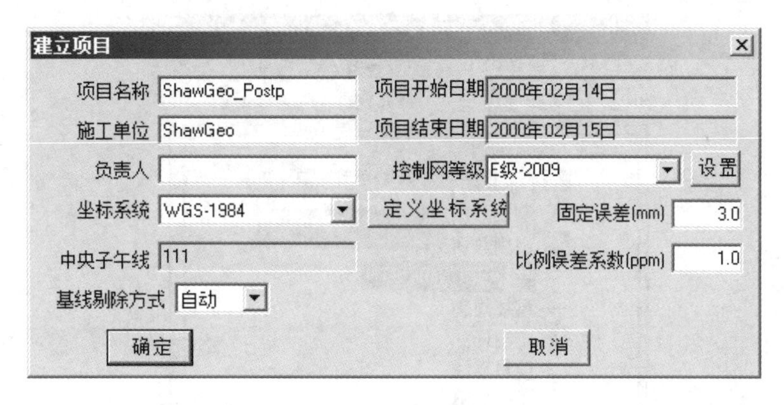

图 7-18　建立项目

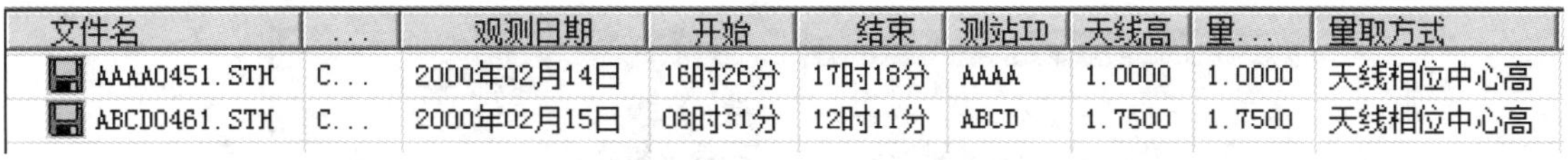

文件名	...	观测日期	开始	结束	测站ID	天线高	量...	量取方式
AAAA0451.STH	C...	2000年02月14日	16时26分	17时18分	AAAA	1.0000	1.0000	天线相位中心高
ABCD0461.STH	C...	2000年02月15日	08时31分	12时11分	ABCD	1.7500	1.7500	天线相位中心高

图 7-19　导入文件

3. 输入基准站已知坐标

软件默认基站坐标值为在“项目属性”中设置的单点大地坐标，而我们需要的一般是直角坐标，我们再用鼠标选中基准站点号 ABCD 然后点击上图中“修改”，弹出对话框，输入基站已知直角坐标值(图 7-20)。

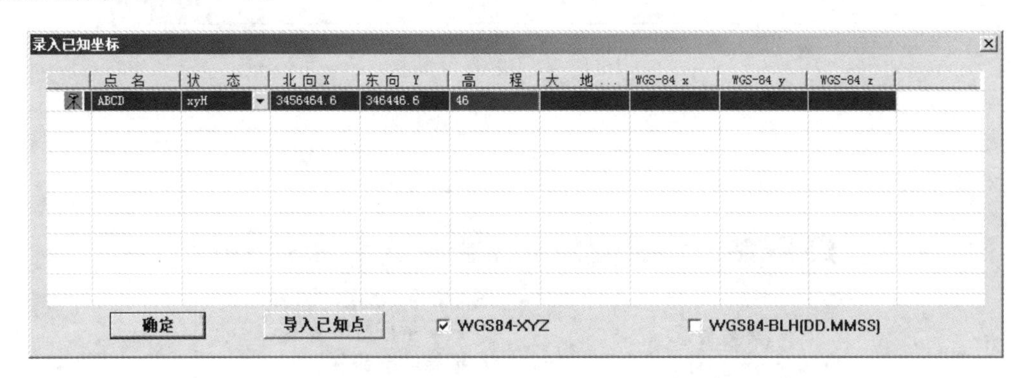

图 7-20　录入已知点

注意：输入基站坐标时，不仅要输入平面直角坐标，还要输入高程值。

4. 差分解算

(1)点击菜单“事后差分”(图 7-21)。

(2)解算前先对数据解算参数进行设置(图 7-22)。

“伪距平滑”利用载波相位平滑，可以大大提高解算的精度和降低离散程度。后差分处理往往通过一个历元就能解算出高精度的成果，要达到这样的目的，必须通过相邻的观测数据的约束，载波相位平滑就是通过这样的方法来提高精度。平滑历元数一般在 100～500 之间可

图7-21　事后差分

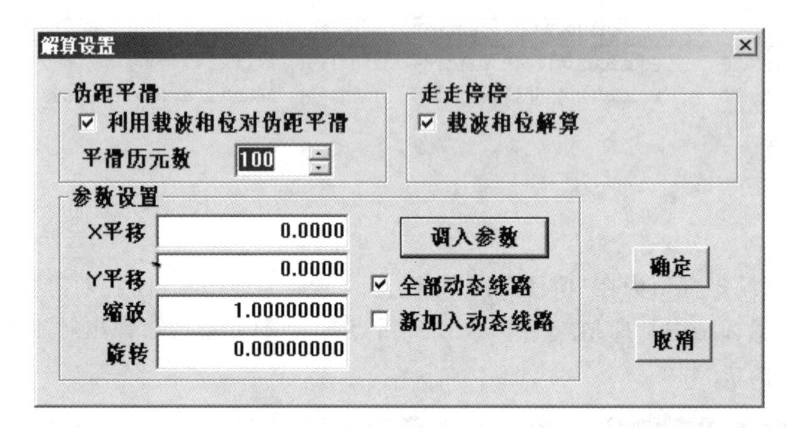

图7-22　解算设置

选。

(3)输出设置。设置输出图形和文档的显示(图7-23)。

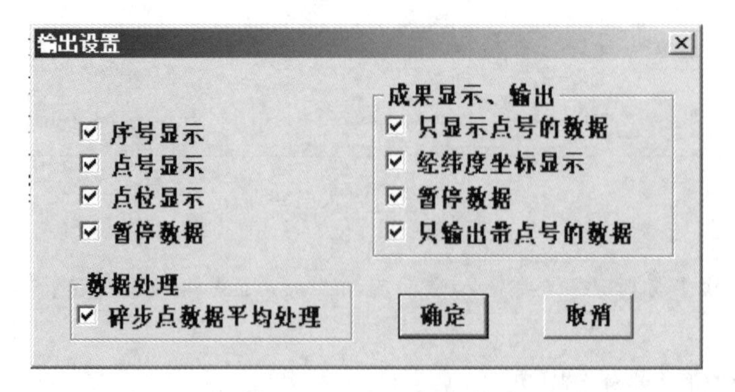

图7-23　输出设置

(4)计算四参数。通过两个点计算四参数,然后调入,修改第(2)步中参数设置在解算中使用。

(5)事后差分解算。点击菜单事后差分,差分解算,数据处理后显示结果如图 7-24 所示。

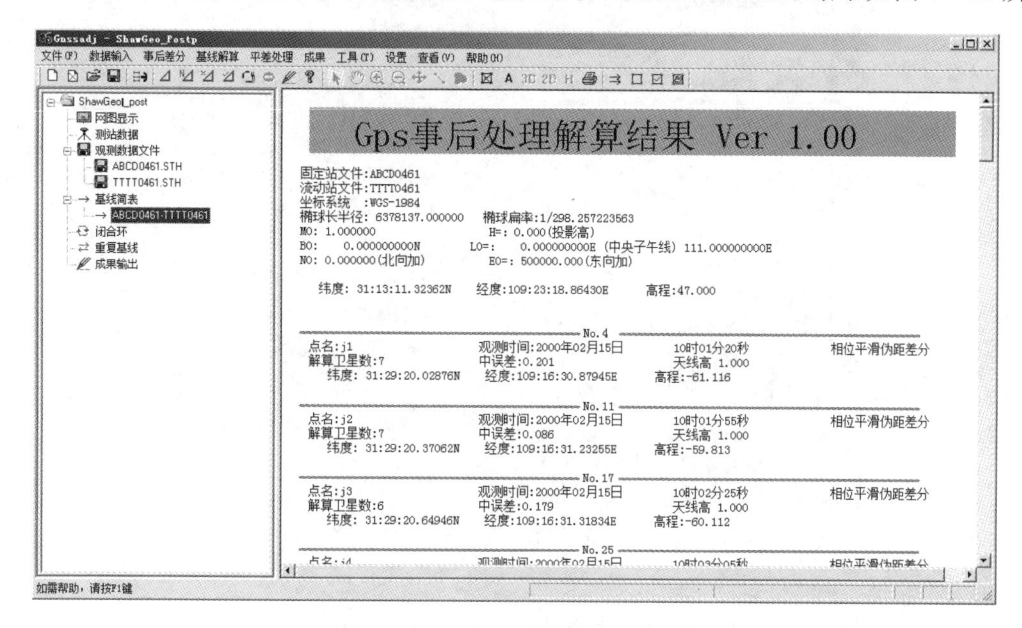

图 7-24 数据处理结果

点左边状态栏网图显示如图 7-25 所示。

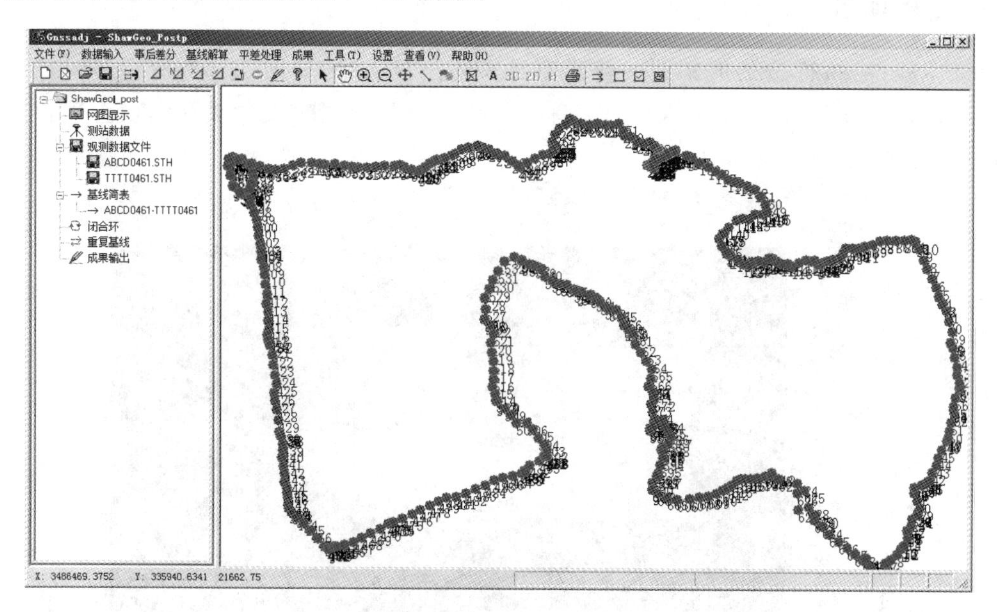

图 7-25 结果网图

5. 成果输出

此时已得出勘测点的坐标值及网图,以上资料均可在当前窗口打印。若想进一步利用成果,可将成果文本输出,以便在其他软件中导入测量的数据。选"成果"下"差分结果输出",弹出对话框,如图 7-26 所示。

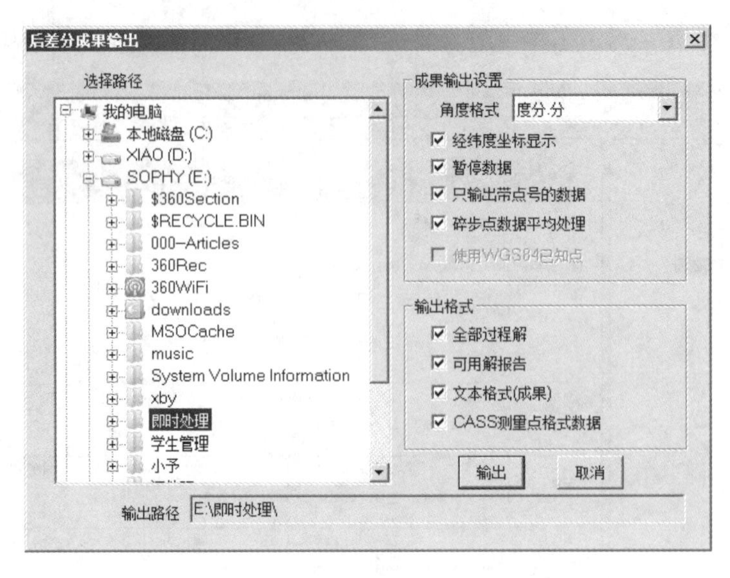

图 7-26　后差分成果输出

第二节　华测 GPS 数据处理

一、新建项目

启动本软件，执行主菜单文件→新建项目来创建新项目，如图 7-27 所示，弹出“新建项目”对话框。在“项目名称”中输入项目名称；同时可以单击按钮“文件夹…”，设置项目文件的存放路径，点击“确定”。

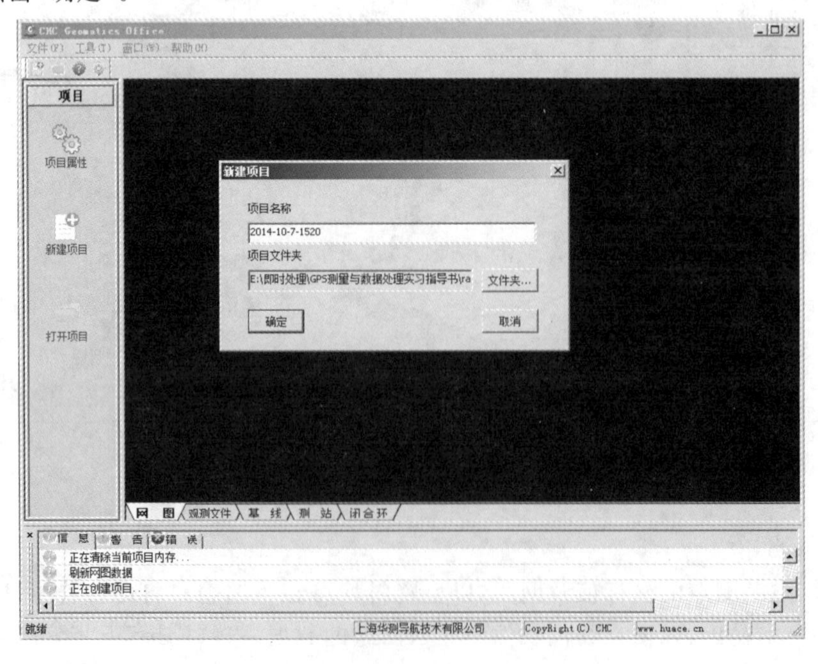

图 7-27　新建项目

之后，将弹出“项目属性”对话框如图7-28所示，可以进行项目坐标系统、时间系统、单位格式等配置；用户既可以在导入时配置，也可以在处理过程中根据需要进行各类参数的配置与修改。点击“确定”之后，项目创建完毕。系统将在指定文件路径下创建一个与项目名称同名的文件夹，其下自动创建如Data Files、Incoming、Reports等子文件夹，存放解算结果文件。

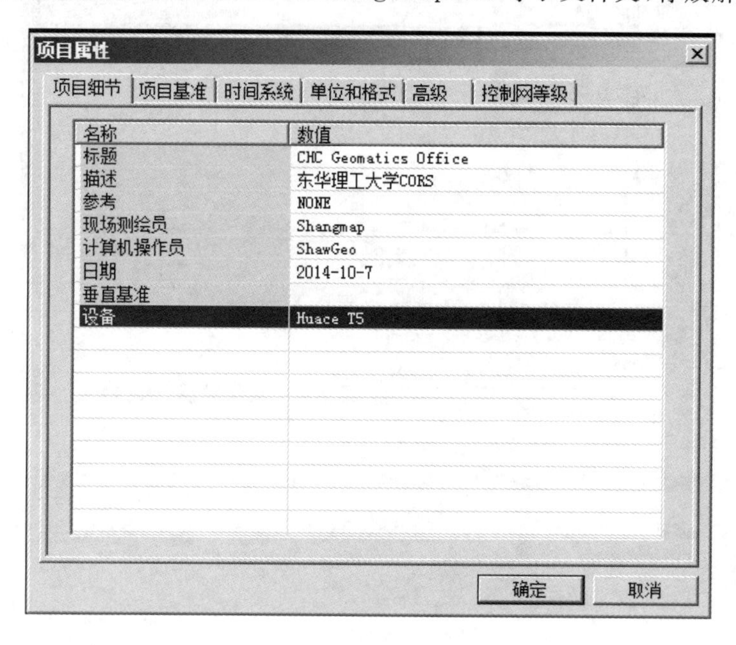

图7-28 项目属性

二、导入数据

项目创建完成之后，需要加载GNSS观测数据文件。点击“文件→导入→原始数据”，弹出如图7-29所示的对话框，选择要导入数据的所在路径、数据类型，右侧栏中将显示指定路径文件夹下的所有文件，右键菜单可以实现全选、反选或隐藏文件功能。点击“确定”将观测文件导入；也可以通过左侧导航栏“导入→HCN文件/RINEX文件/其他文件”进行数据导入。

CGOffice所支持的数据类型有：上海华测格式HCN文件(*.HCN)、V2.00-xV3.02版本RINEX文件(*.??O，*.OBS)、NOVATEL OEM4/V/6主板文件(*.NOV)、TRIMBLE BD950/BD970主板文件(*.BD9)、HEMISPHERE主板文件(*.RAW)、精密星历文件(*.SP3)。

数据导入完毕后，弹出数据检查对话框，如图7-30所示。

通过数据检查框，可以对测站ID(即点名)、量测天线高、天线类型、测量方法、接收机S/N、接收机类型进行设置，也可以通过勾选框设置观测文件是否使用。

导入数据文件后，系统将自动形成网图、观测文件列表、基线(重复基线、基线残差)列表、测站列表、闭合环列表等页面信息(图7-31～图7-36)。

其中，闭合环的默认边数是上一次搜索的闭合环的边数，如果是第一次使用本软件，则默认为三边环，CGOffice支持任意边组成闭合环的搜索方式，通过“基线处理→搜索闭合环”即可输入指定的边数，如图7-37所示。

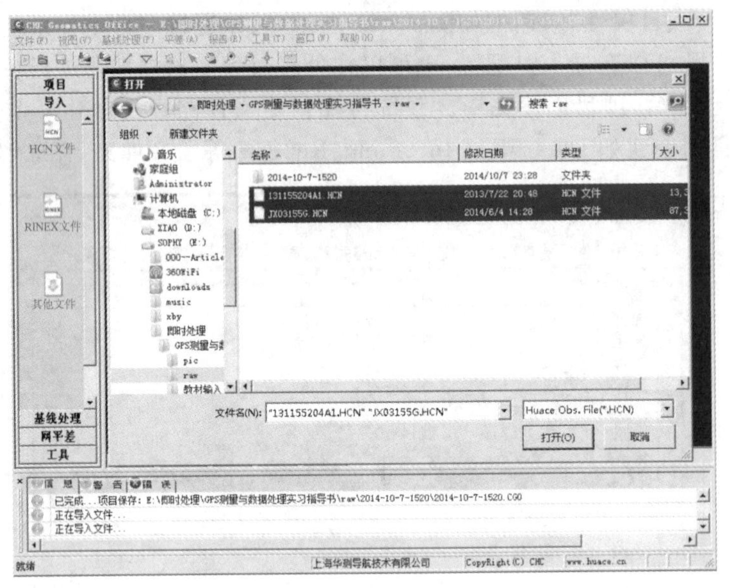

图 7－29　读取数据

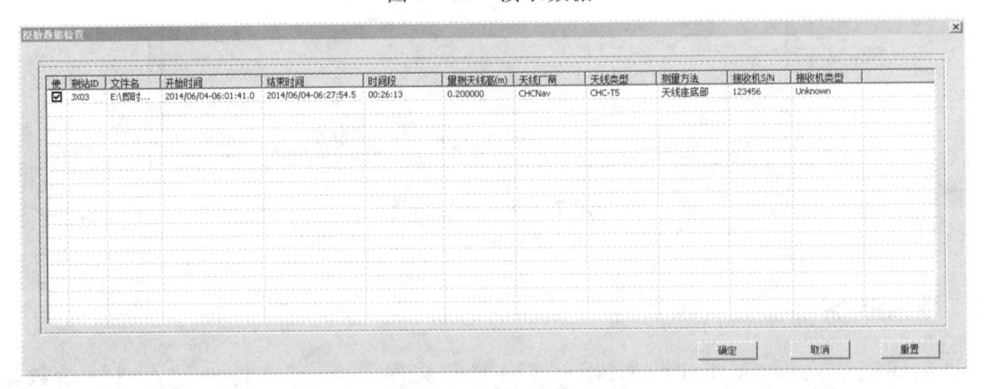

图 7－30　数据检查

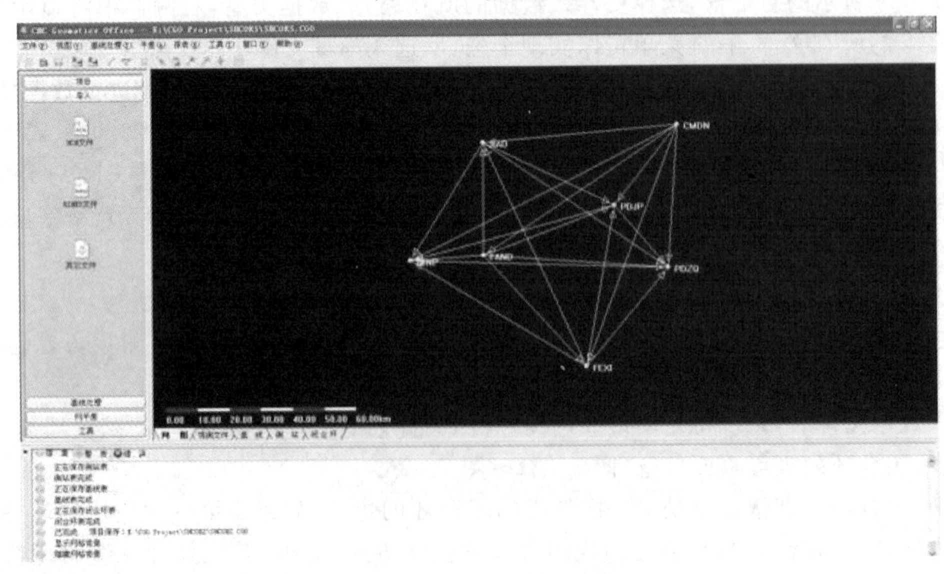

图 7－31　观测数据网图

行号	文件名	测站	开始时间	结束时间	时间段	量测天线高(m)	改正后天线高...	天线类型		测量方法	机号	处理器...
1	E:\CGO Project...	CMDN	2013/10/17-23:59:44.0	2013/10/18-04:04:2...	04:04:44	0.000	0.129	CHCC220GR	CHCD	天线座底部	51233_	静态
2	E:\CGO Project...	FAND	2013/10/17-23:59:44.0	2013/10/18-04:04:2...	04:04:44	0.000	0.129	CHCC220GR	CHCD	天线座底部	51233_	静态
3	E:\CGO Project...	FEXI	2013/10/17-23:59:44.0	2013/10/18-04:04:2...	04:04:44	0.000	0.129	CHCC220GR	CHCD	天线座底部	51233_	静态
4	E:\CGO Project...	JIAD	2013/10/17-23:59:44.0	2013/10/18-04:04:2...	04:04:42	0.000	0.129	CHCC220GR	CHCD	天线座底部	51233_	静态
5	E:\CGO Project...	PDJP	2013/10/17-23:59:44.0	2013/10/18-04:04:2...	04:04:44	0.000	0.129	CHCC220GR	CHCD	天线座底部	51233_	静态
6	E:\CGO Project...	PDZQ	2013/10/17-23:59:44.0	2013/10/18-04:04:2...	04:04:44	0.000	0.129	CHCC220GR	CHCD	天线座底部	51233_	静态
7	E:\CGO Project...	QINP	2013/10/17-23:59:44.0	2013/10/18-04:04:2...	04:04:43	0.000	0.129	CHCC220GR	CHCD	天线座底部	51233_	静态

图 7 - 32 观测文件列表

行号	基线ID	起点	终点	解算类型	同步时间	Ratio	RMS...	合格	Dx(m)	Std.Dx(m)	Dy(m)	Std.Dy(m)	Dz(m)	Std.Dz(m)	距离(m)
1	B1(CMDN291A....	CMDN	FAND	未解算	04:04:44	0.0	0.000	检查	33479.642	0.000	45084.783	0.000	-34406.175	0.000	65858.249
2	B2(CMDN291A....	CMDN	FEXI	未解算	04:04:44	0.0	0.000	检查	754.318	0.000	46029.843	0.000	-64111.926	0.000	78928.161
3	B3(CMDN291A....	CMDN	JIAD	未解算	04:04:42	0.0	0.000	检查	42941.168	0.000	29453.789	0.000	-4358.221	0.000	52253.839
4	B4(CMDN291A....	CMDN	PDJP	未解算	04:04:44	0.0	0.000	检查	7704.105	0.000	20008.130	0.000	-21268.598	0.000	30199.863
5	B5(CMDN291A....	CMDN	PDZQ	未解算	04:04:44	0.0	0.000	检查	-9924.091	0.000	21078.129	0.000	-38059.130	0.000	44623.676
6	B6(CMDN291A....	CMDN	QINP	未解算	04:04:43	0.0	0.000	检查	49811.148	0.000	55948.822	0.000	-35814.301	0.000	83030.628

图 7 - 33 基线列表

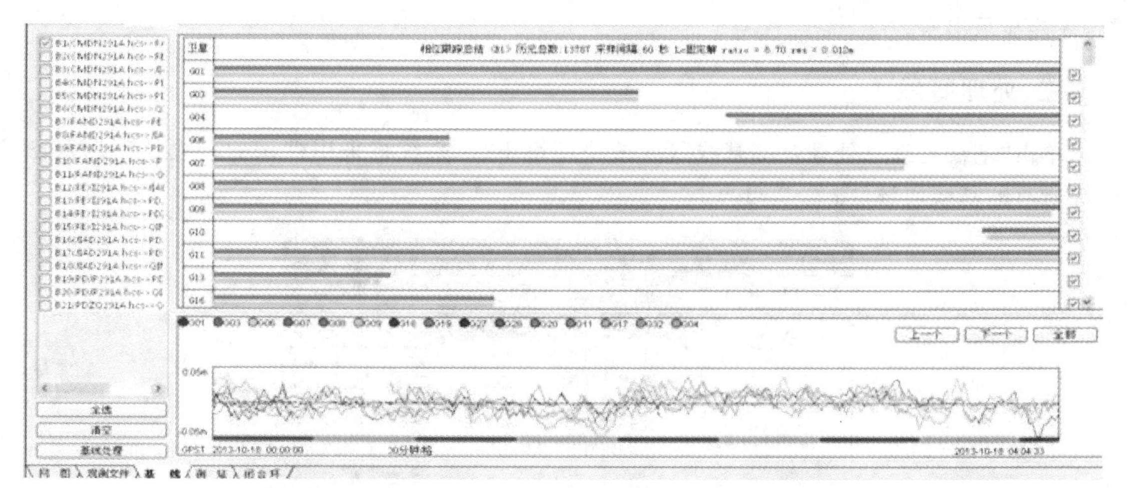

图 7 - 34 基线残差图

行号	测站	当地纬度	当地经度	大地高(m)	北坐标(m)	东坐标(m)	高程(m)	约束方式
1	CMDN	31°30′32.40975″N	121°46′59.98100″E	35.297	3488050.829	384420.446	60.023	无约束
2	FAND	31°08′44.65394″N	121°14′09.07775″E	33.101	3448472.194	331760.949	56.856	无约束
3	FEXI	30°49′59.39914″N	121°31′23.55890″E	38.125	3413411.222	358707.910	61.099	无约束
4	JIAD	31°27′46.49708″N	121°14′09.67230″E	34.259	3483646.760	332339.556	58.511	无约束
5	PDJP	31°17′03.46281″N	121°36′13.95901″E	31.944	3463335.881	367055.452	55.959	无约束
6	PDZQ	31°06′26.10300″N	121°45′19.37120″E	33.094	3443531.617	381262.427	56.436	无约束
7	QINP	31°07′51.16009″N	121°01′49.33852″E	37.401	3447154.670	312132.160	61.156	无约束

图 7 - 35 测站列表

环号	环形	质量	环中基线数	观测时间	环总长(m)	X闭合差(m)	Y闭合差(m)	Z闭合差(m)	边长闭合差(m)	相对误差(ppm)
C0(CMDN,FAND,FEXI)	同步环	检查	3条	2013/10/17-23:59:44.0	188993.554	0.126	-0.138	-0.220	0.289	1.529
L1		Lc固定解	B1	2013/10/17-23:59:44.0	65858.333	33479.768	45084.644	-34406.395		
L2			B2	2013/10/17-23:59:44.0	78928.161	754.318	46029.843	-64111.926		
L3			B7	2013/10/17-23:59:44.0	44207.145	-32725.324	945.061	-29705.751		
C1(CMDN,FAND,JIAD)	同步环	检查	3条	2013/10/17-23:59:44.0	153279.230	0.126	-0.138	-0.220	0.289	1.885
C2(CMDN,FAND,PDJP)	同步环	检查	3条	2013/10/17-23:59:44.0	134344.046	0.126	-0.138	-0.220	0.289	2.151
C3(CMDN,FAND,PDZQ)	同步环	检查	3条	2013/10/17-23:59:44.0	160216.697	0.126	-0.138	-0.220	0.289	1.804
C4(CMDN,FAND,QINP)	同步环	检查	3条	2013/10/17-23:59:44.0	168554.204	0.126	-0.138	-0.220	0.289	1.715
C5(CMDN,FEXI,JIAD)	同步环	检查	3条	2013/10/17-23:59:44.0	206182.007	0.000	0.000	0.000	0.000	0.000

图 7 - 36 闭合环列表

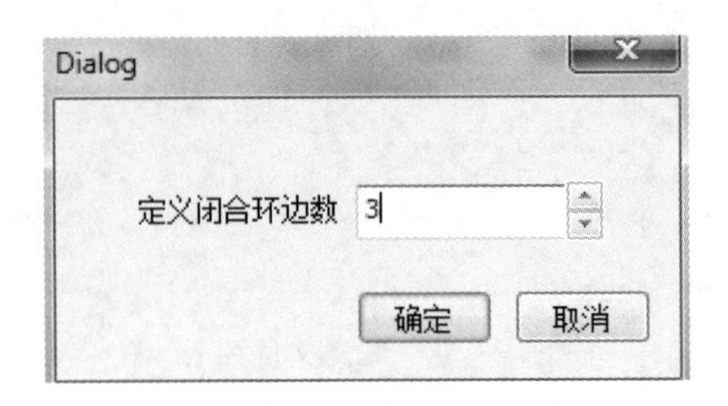

图 7-37 指定闭合环边数

在导入文件后,用户还可以通过测站文件列表对观测文件的测站名(点名)、量测天线高、天线类型、测量方法等进行修改。

导入数据后,基线残差观测数据图默认是隐藏的,需要在基线上点击右键→残差观测数据图,才能显示出来。

三、处理基线

单击"基线处理→处理全部基线"(或按快捷键 F2),系统将采用默认的基线处理设置,来解算所有的基线向量(图 7-38)。

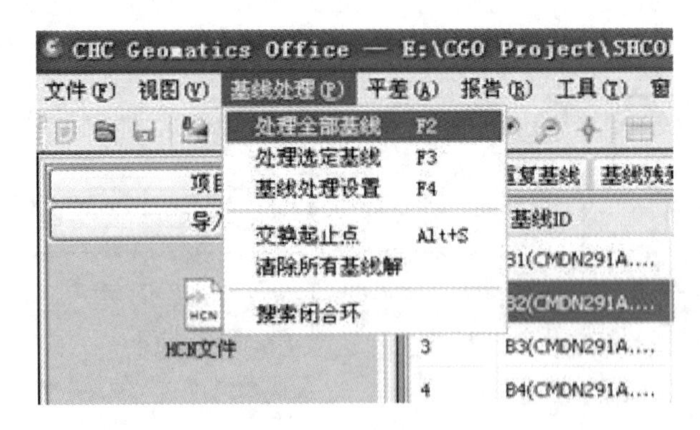

图 7-38 基线处理

处理过程中,对话框显示整个基线处理过程的进度。通过主界面下方的"消息区",可以查看每条基线实时处理的情况,如图 7-39、图 7-40 所示。

退出图对话框后,通过基线页面列表中可以查看所有基线的处理结果。同时网图中原来未解算的基线由白色变为绿色,如图 7-41、图 7-42 所示。

CGOffice 按默认的基线配置参数进行基线解算时,系统内部采用了智能搜索最优解的方案,故建议用户在导入数据后,优先按默认基线配置来处理全部基线,且应连续进行两次"处理全部基线"操作,以得到相对较好的基线解。如果解算之后,解算结果仍旧没有得到改善,再对那些解算较差的基线,进行手动配置,重新解算。

重新解算时,解算不同基线用对应的不同的处理设置往往会得到更好的结果,CGOffice 支持对单条基线的解算设置进行配置,即每一条基线都可以手动配置,然后统一进行解算。在网图或基线列表中选择一条或多条基线,右键点击"基线处理设置"打开配置对话框,如图

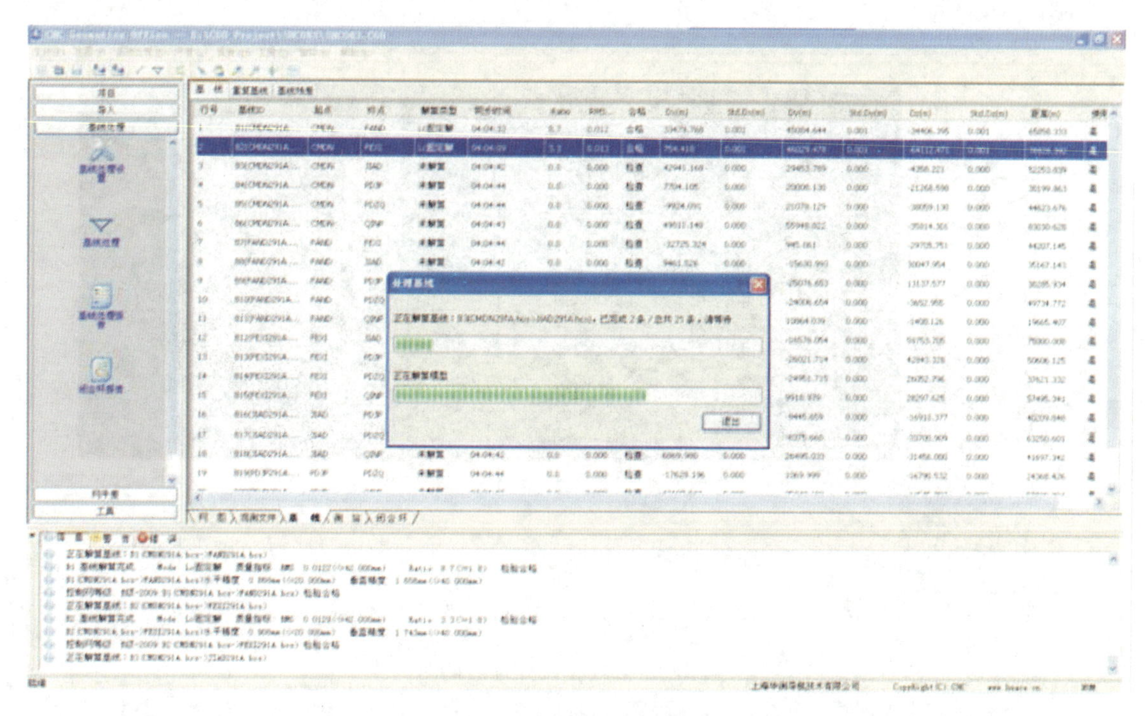

图 7－39　基线处理过程

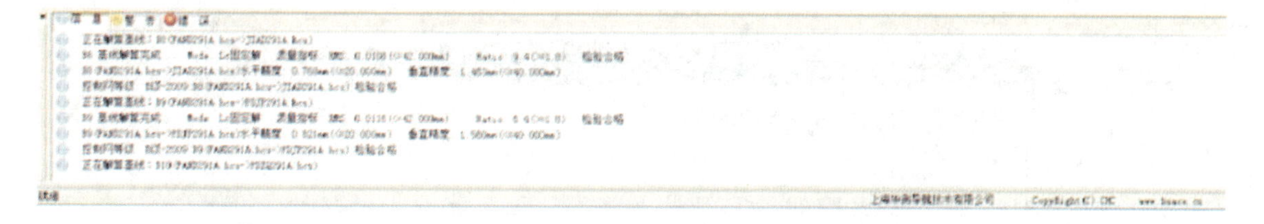

图 7－40　消息区显示

基线　重复基线　基线残差

行号	基线ID	起点	终点	解算类型	同步时间	Ratio	RMS...	合格	Dx(m)	Std.Dx(m)	Dy(m)	Std.Dy(m)	Dz(m)	Std.Dz(m)	距离(m)
1	B1(CMDN291A...	CMDN	FAND	Lc固定解	04:04:33	8.7	0.012	合格	33479.768	0.001	45084.644	0.001	-34406.395	0.001	65858.333
2	B2(CMDN291A...	CMDN	PDX1	Lc固定解	04:04:09	3.3	0.013	合格	754.418	0.001	46029.478	0.001	-64112.471	0.001	78928.392
3	B3(CMDN291A...	CMDN	JIAD	Lc固定解	04:04:07	7.4	0.011	合格	42941.172	0.001	29453.774	0.001	-4358.223	0.001	52253.834
4	B4(CMDN291A...	CMDN	PDJP	Lc固定解	04:04:09	4.3	0.009	合格	7704.242	0.001	20007.956	0.001	-21268.770	0.001	30199.905
5	B5(CMDN291A...	CMDN	PDZQ	Lc固定解	04:04:06	4.7	0.012	合格	-4923.998	0.001	21077.845	0.001	-38059.534	0.001	44623.866
6	B6(CMDN291A...	CMDN	QINP	Lc固定解	04:04:09	5.7	0.013	合格	49811.218	0.001	55948.575	0.001	-35014.637	0.001	83030.649

图 7－41　基线成果列表

7－43所示。

设置好对应内容后，选择应用于“选中基线”，即这些配置对选中基线有效，应用于“全部基线”则所有基线都会应用这些配置。

如果在基线属性中把“参与基线处理及网平差”的勾去掉，那么这条基线使用状态变为“否”，不会参与解算，也不会形成闭合环。

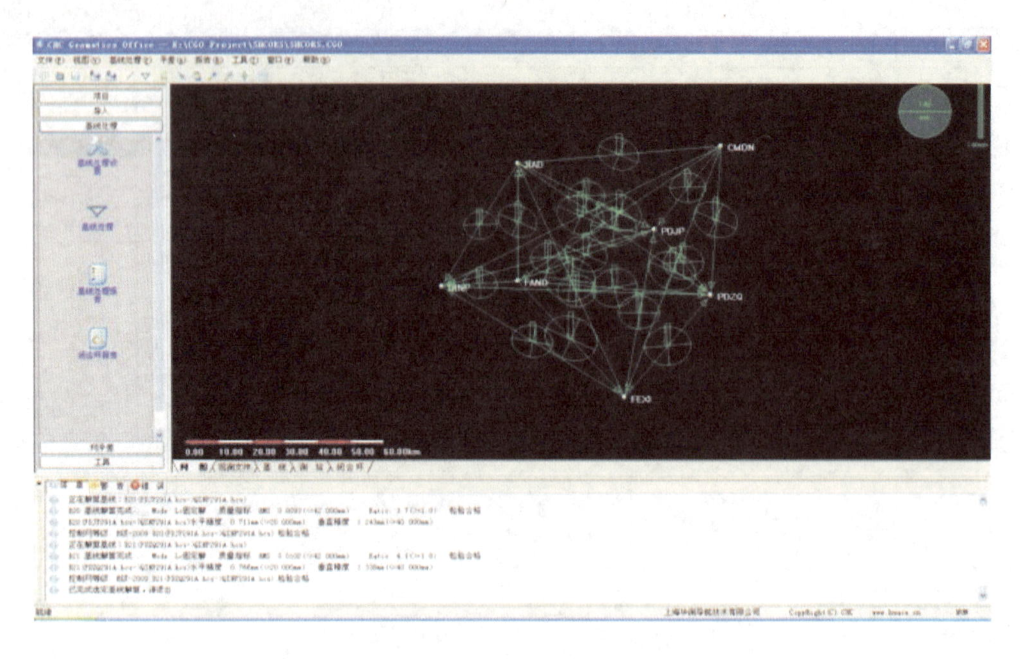

图 7-42　基线处理后网图

注：白色代表未解算的基线，绿色为解算合格的基线，黄色为解算不合格的基线，浅灰色代表被禁用或不参与的基线，红色高亮显示被选中的基线。

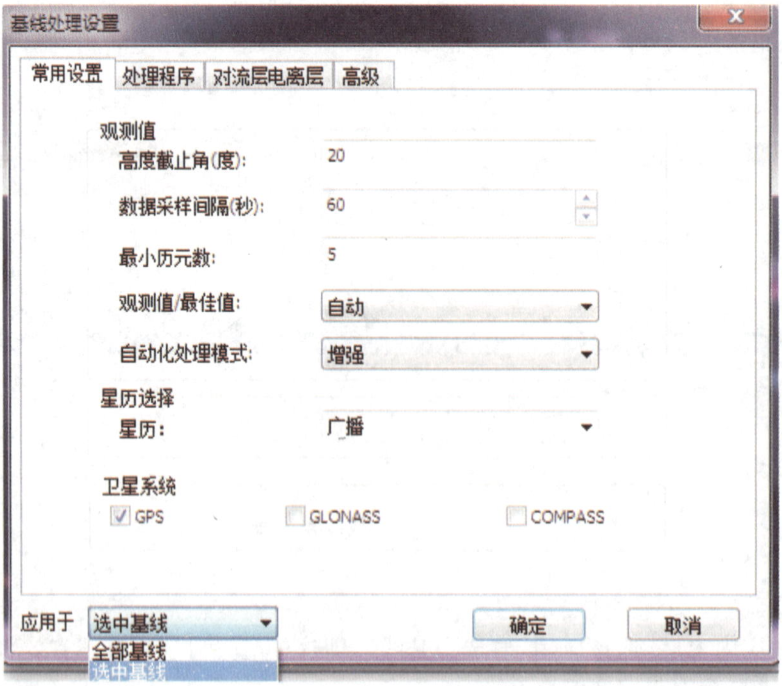

图 7-43　基线处理设置

四、平差前的设置

基线处理完成后，需要对基线处理成果进行检核。通常情况下，如观测条件良好，一般一次就能成功处理所有的基线。

基线解算合格后，还需要根据基线的同步观测情况剔除部分基线，现在我们直接进入网平差的准备。

首先确定已知点。单击菜单“平差→录入已知点”（或按快捷键 F6），弹出“录入已知点”对话框，如图 7-44 所示。

（1）根据已知点的坐标类型在最下面选择相应的录入方式，默认为“本地”。

（2）选择约束方式：本地坐标系统（NE）、（N，带号＋E）、（NEh）、（N，带号＋Eh）、h、BLH、BL 可选；WGS84 坐标系统 XYZ、BLH 可选。

（3）录入已知点坐标，建议用户严格按照系统默认的格式来修改。

同样方法把所有已知点坐标都输入完毕。

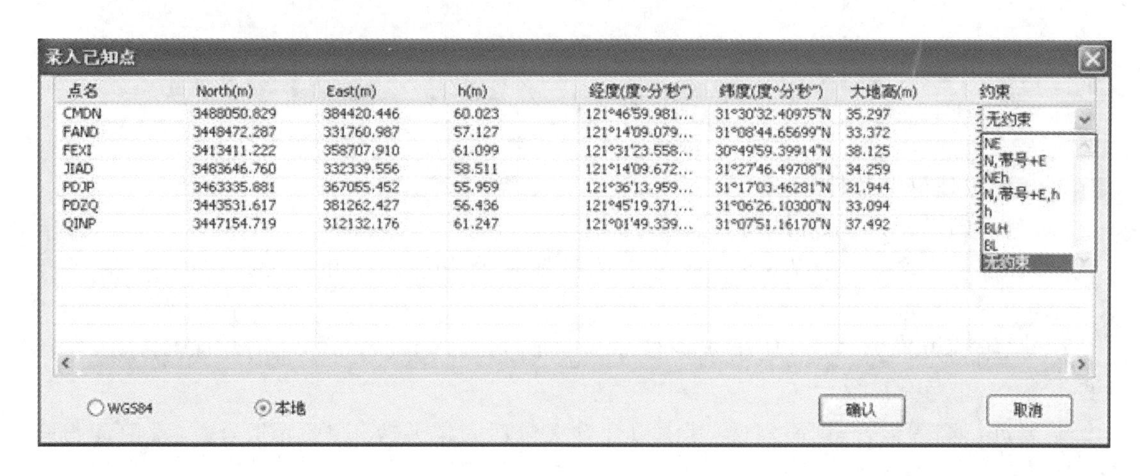

图 7-44　录入已知点

单击主菜单“平差→平差设置”（或按快捷键 F7）进入平差设置界面（图 7-45）。一般采用默认设置即可，也可根据需要进行修改。

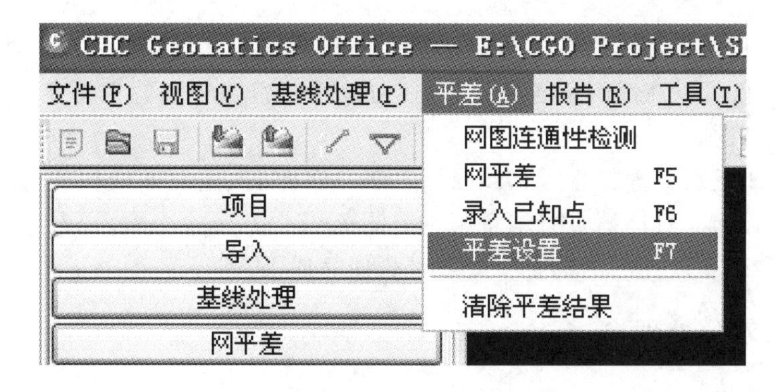

图 7-45　平差设置

五、进行网平差

单击主菜单“平差→网平差”(或快捷键 F5),打开网平差界面(图 7-46)。

图 7-46　网平差设置

网平差包括以下几种。

(1)自由网平差:不录入已知点直接进行平差。

(2)三维约束平差:在 WGS84 或者本地坐标系统中录入已知点,约束方式包括 XYZ、BLH、BL。

(3)二维约束平差:在本地坐标系统下录入已知点,约束方式包括 NEh、NE、(N,带号+E,h)、(N,带号+E)。

若要进行高程拟合,则需勾选,其中拟合方法包括固定差改正、平面拟合、二次曲面拟合、TGO 算法等。

设置完毕,点击“平差”,软件将自动根据起算条件,完成平差运算。平差之后,网图中显示平差状态,包括误差椭圆以及高程方向误差,如图 7-47 所示。

六、成果输出

单击“报告→网平差报告”,可在线生成并打开网平差报告(图 7-48)。报告内容为 HTML 格式,用户不仅可以在线阅读各类报告,还可以在项目路径下的 Reports 子文件夹中查看各个报告的详细情况。

同样可以输出基线处理报告、闭合环报告、测站点报告、重复基线报告等。也可以通过报告配置有选择地输出。具体请查看本章第三节图 7-74。

至此,一个静态基线控制网的整个处理过程便完成了。

七、动态后差分处理

(一)新建项目

启动本软件,执行主菜单“文件→新建项目”来创建新项目,如图 7-49 所示,弹出新建项

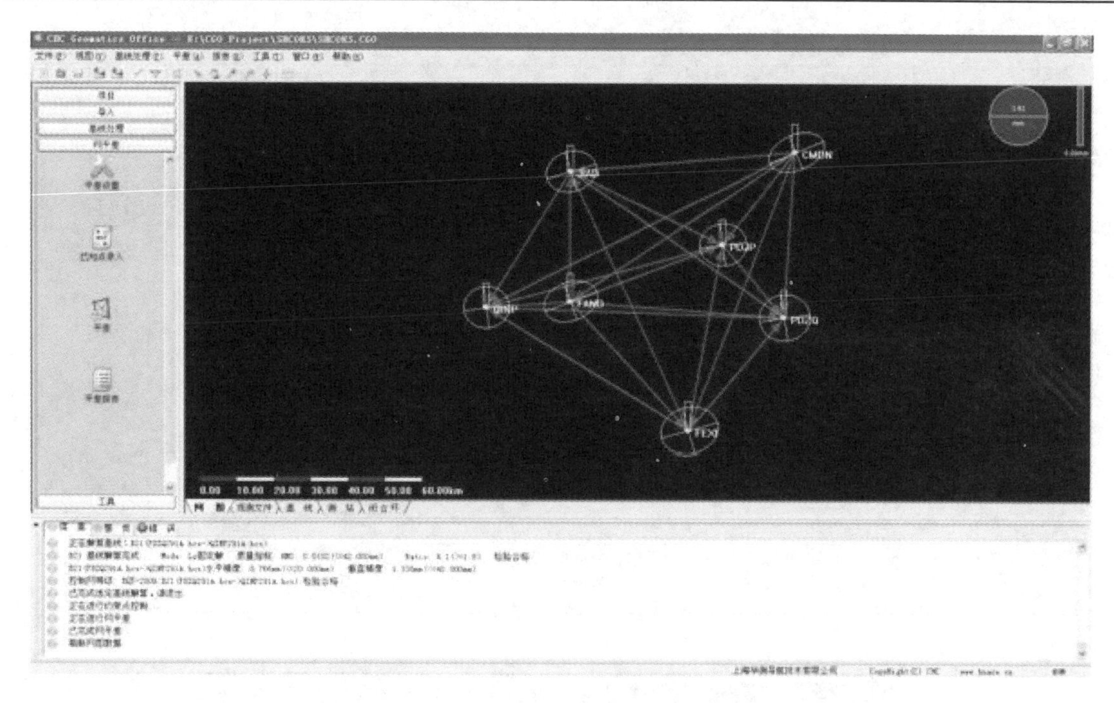

图 7 - 47　平差结果

图 7 - 48　平差报告

目对话框。在项目名称中输入项目名称；同时可以单击按钮“文件夹…”，设置项目文件的存放路径，点击“确定”(图 7 - 49)。

之后，将弹出“项目属性”对话框如图 7 - 50 所示，可以进行项目坐标系统、时间系统、单位格式等配置；用户既可以在导入时配置，也可以在处理过程中根据需要进行各类参数的配置与修改。点击“确定”之后，项目创建完毕。系统将在指定文件路径下创建一个与项目名称同名的文件夹，其下自动创建如 Data Files、Incoming、Reports 等子文件夹，存放解算结果文件。

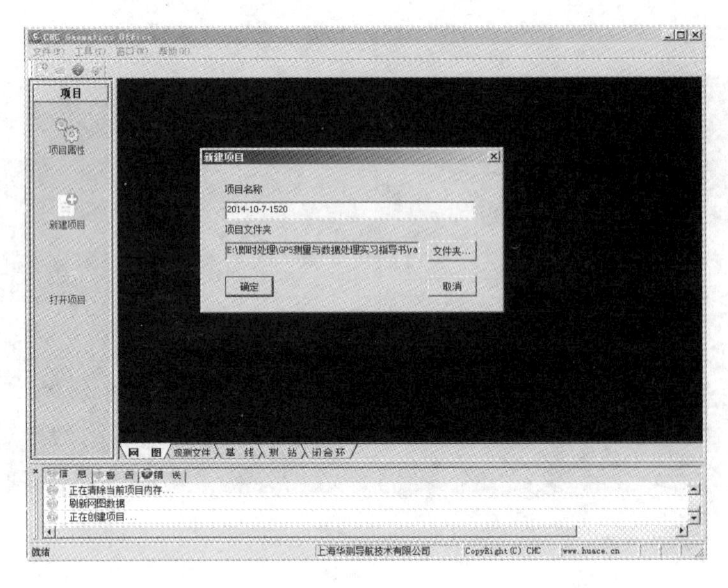

图 7－49　新建差分项目

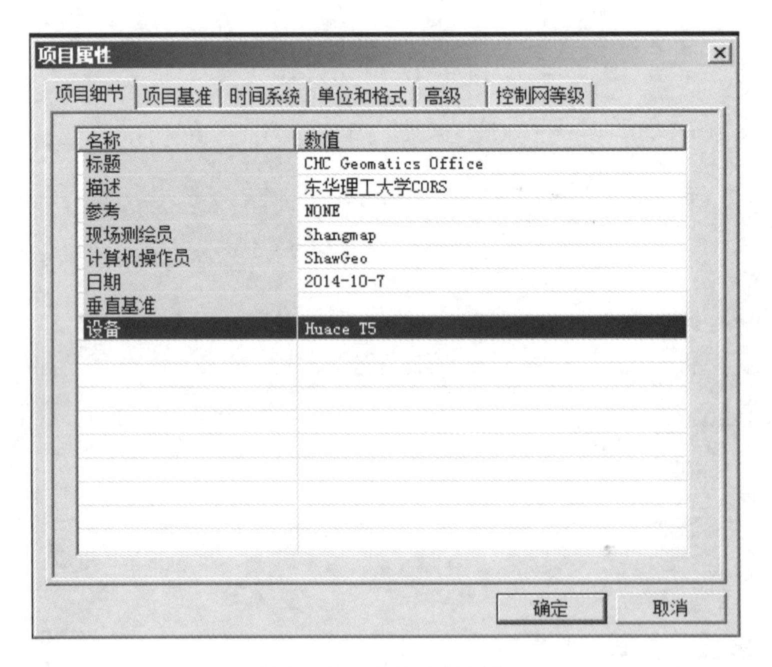

图 7－50　差分项目属性

（二）导入数据

项目创建完成之后，可以导入动态原始数据。动态数据的导入方法和静态数据的导入方法基本一致，具体请参看前面所介绍的“静态数据”部分，在此处作简单示范。

首先点击“文件→导入→原始数据”，导入基站和流动站的原始数据。如图 7－51 所示。

导入数据文件后，系统将自动形成网图、观测文件列表、基线列表、测站列表等页面信息（图 7－52～图 7－55），在导入数据后可以对测站名（点名）、量测天线高、天线类型、测量方法

原始数据检查

使用	测站ID	文件名	开始时间	结束时间	时间段	量测天线高(m)	天线类型		测量方法
☑	S144	E:\CGO测试数...	2013/06/03-00:03:09.0	2013/06/03-08:09:34.0	08:06:25	1.4180	CHCX91B	NONE	天线座底
☑	MARKER	E:\CGO测试数...	2013/06/03-00:19:54.0	2013/06/03-00:19:54.0	00:00:00	0.0000	CHCX91R	NONE	天线座底
☑	Yu-c	E:\CGO测试数...	2013/06/03-00:23:39.0	2013/06/03-01:50:14.0	01:26:35	1.9000	CHCX91R	NONE	天线座底
☑	Yu-e	E:\CGO测试数...	2013/06/03-01:53:39.0	2013/06/03-03:19:09.0	01:25:30	2.0000	CHCX91R	NONE	天线座底
☑	Yu-j	E:\CGO测试数...	2013/06/03-03:22:29.0	2013/06/03-05:08:49.0	01:46:20	1.4200	CHCX91R	NONE	天线座底
☑	Yu-o	E:\CGO测试数...	2013/06/03-05:09:44.0	2013/06/03-06:05:59.0	00:56:15	2.0000	CHCX91R	NONE	天线座底
☑	Yu-q	E:\CGO测试数...	2013/06/03-06:14:04.0	2013/06/03-07:53:24.0	01:39:20	1.4200	CHCX91R	NONE	天线座底

确定　取消　重置

图 7-51　原始数据检查

等进行修改。

需要指出的是，动态数据测站列表在解算后是会增加流动站的，这些增加的测站就是流动站流动过程中的停靠点。在动态数据中，三角形符号表示的是基准站，小方格表示的是流动站。

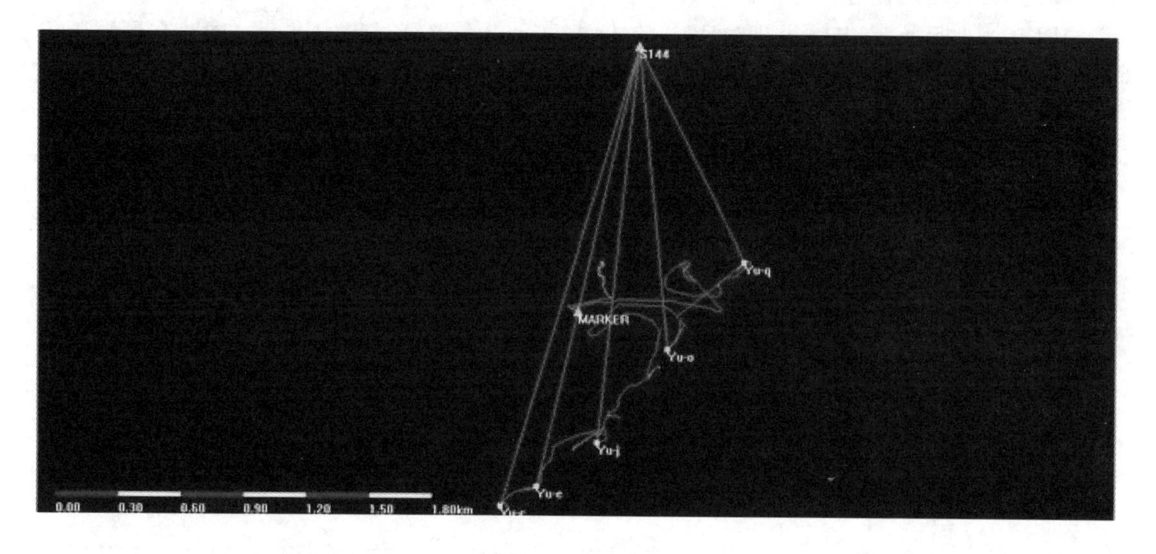

图 7-52　网图

（三）处理基线

测站列表页面，在基站上单击右键，选择录入已知点，把已知点的信息输入到基站中（输入方法请参照图 7-45“平差设置”）。

下一步进行基线处理，单击菜单“基线处理→处理全部基线”（或按快捷键 F2），系统将采

行号	文件名	测站	开始时间	结束时间	时间段	量测天线高(m)	改正后天线高...	天线类型		测量方法	机号	处理器...
1	E:\CGO测试数...	MARKER	2013/06/03-00:19:5...	2013/06/03-00:19:5...	00:00:00	0.0000	0.0898	CHCX91R	NONE	天线座底部	4433137160	静态
2	E:\CGO测试数...	S144	2013/06/03-00:03:0...	2013/06/03-08:09:3...	08:06:25	1.4180	1.5090	CHCX91B	NONE	天线座底部	0220345811	静态
3	E:\CGO测试数...	Yu-c	2013/06/03-00:23:3...	2013/06/03-01:50:1...	01:26:35	1.9000	1.9898	CHCX91R	NONE	天线座底部	4433137160	动态
4	E:\CGO测试数...	Yu-e	2013/06/03-01:53:3...	2013/06/03-03:19:0...	01:25:30	2.0000	2.0899	CHCX91R	NONE	天线座底部	4433137160	动态
5	E:\CGO测试数...	Yu-j	2013/06/03-03:22:2...	2013/06/03-05:08:4...	01:46:20	1.4200	1.5098	CHCX91R	NONE	天线座底部	4433137160	动态
6	E:\CGO测试数...	Yu-o	2013/06/03-05:09:4...	2013/06/03-06:05:5...	00:56:15	2.0000	2.0899	CHCX91R	NONE	天线座底部	4433137160	动态
7	E:\CGO测试数...	Yu-q	2013/06/03-06:14:0...	2013/06/03-07:53:2...	01:39:20	1.4200	1.5098	CHCX91R	NONE	天线座底部	4433137160	动态

图 7－53　观测文件

行号	基线ID	起点	终点	解算类型	同步时间	Dx(m)	Std.Dx(m)	Dy(m)	Std.Dy(m)	Dz(m)	Std.Dz(m)
1	B1(58111540.h...	S144	Yu-c	未解算	01:26:35	-106.6741	0.0000	1274.0455	0.0000	-1848.4363	0.0000
2	B2(58111540.h...	S144	Yu-e	未解算	01:25:30	-252.8296	0.0000	1081.8485	0.0000	-1670.1498	0.0000
3	B3(58111540.h...	S144	Yu-j	未解算	01:46:20	-436.6594	0.0000	841.2910	0.0000	-1447.0772	0.0000
4	B4(58111540.h...	S144	Yu-o	未解算	00:56:15	-597.3979	0.0000	516.9960	0.0000	-1069.2912	0.0000
5	B5(58111540.h...	S144	Yu-q	未解算	01:39:20	-408.7958	0.0000	509.2016	0.0000	-900.8613	0.0000

图 7－54　基线列表

行号	测站	类型	当地纬度	Std.Lat(sec)	当地经度	Std.Lon(sec)	大地高(m)	Std.H(m)	北坐标(m)	Std.N(m)	东坐标(m)	Std.E(m)	高程(m)	Std.h(m)
1	MARKER	基准站	24°45'11.43510"N	0.0000	121°13'30.91377"E	0.0000	400.2491	0.0000	2739077.7...	0.0000	320464.1033	0.0000	486.9520	0.0000
2	S144	基准站	24°45'52.39262"N	0.0000	121°13'40.22997"E	0.0000	259.5984	0.0000	2741134.9...	0.0000	320742.3613	0.0000	266.3021	0.0000
3	Yu-c	流动站	24°44'41.26826"N	0.0000	121°13'18.97350"E	0.0000	531.0569	0.0000	2738953.6...	0.0000	320116.5197	0.0000	536.9705	0.0000
4	Yu-e	流动站	24°44'44.29983"N	0.0000	121°13'24.59457"E	0.0000	530.9965	0.0000	2739044.8...	0.0000	320275.7291	0.0000	536.9102	0.0000
5	Yu-j	流动站	24°44'51.11708"N	0.0000	121°13'34.00682"E	0.0000	507.1772	0.0000	2739251.2...	0.0000	320543.0085	0.0000	513.0909	0.0000
6	Yu-o	流动站	24°45'05.70000"N	0.0000	121°13'44.82601"E	0.0000	512.7643	0.0000	2739696.1...	0.0000	320852.9191	0.0000	518.6779	0.0000
7	Yu-q	流动站	24°45'19.29000"N	0.0000	121°13'56.59909"E	0.0000	435.0878	0.0000	2740110.1...	0.0000	321189.2248	0.0000	441.0015	0.0000

图 7－55　测站列表

用默认的基线处理设置进行解算。

如图 7－56 所示，在基线处理过程中，对话框显示整个解算过程的进度。同时在网图下方的消息区也会显示相应的操作信息。

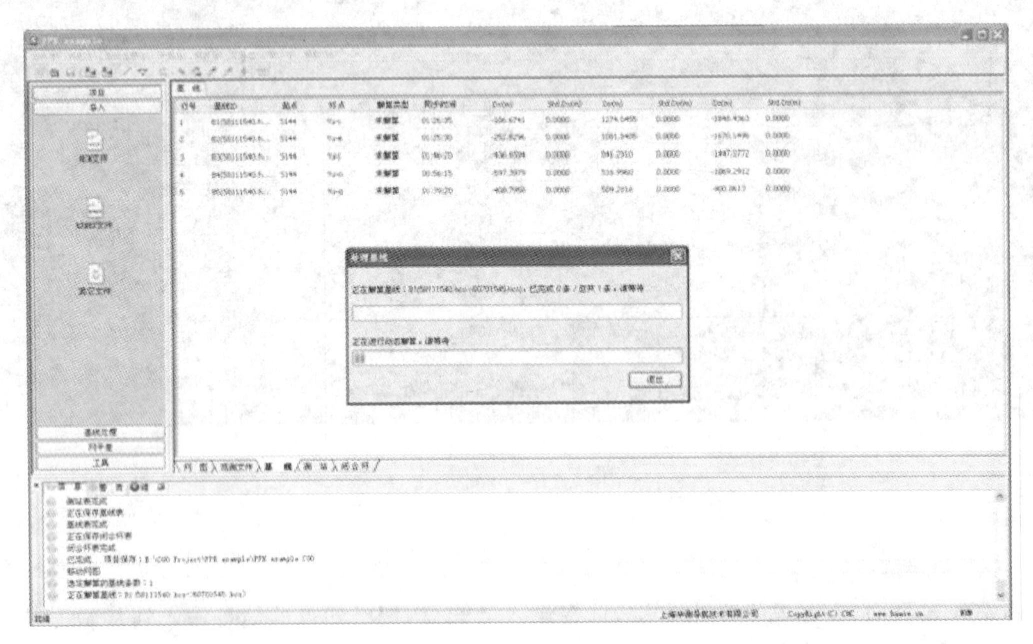

图 7－56　基线处理

基线处理完成后点击“退出”，解算完毕，此时网图界面显示的是解算之后的图形，如图7－57所示。

注意：静态数据解算前后的图形并不会有明显的改变，而动态数据解算之后能明显看到流动的路线与未解算时会发生的变化，这是由于不是所有数据都会参与解算，解算后得到的路线才是最终参与解算的数据。另外，解算之后会在网图上显示计算出来的停靠点，这些点和最初的流动站一起作为解算之后的流动站（如图7－57中Yu－r和Yu－s等）。

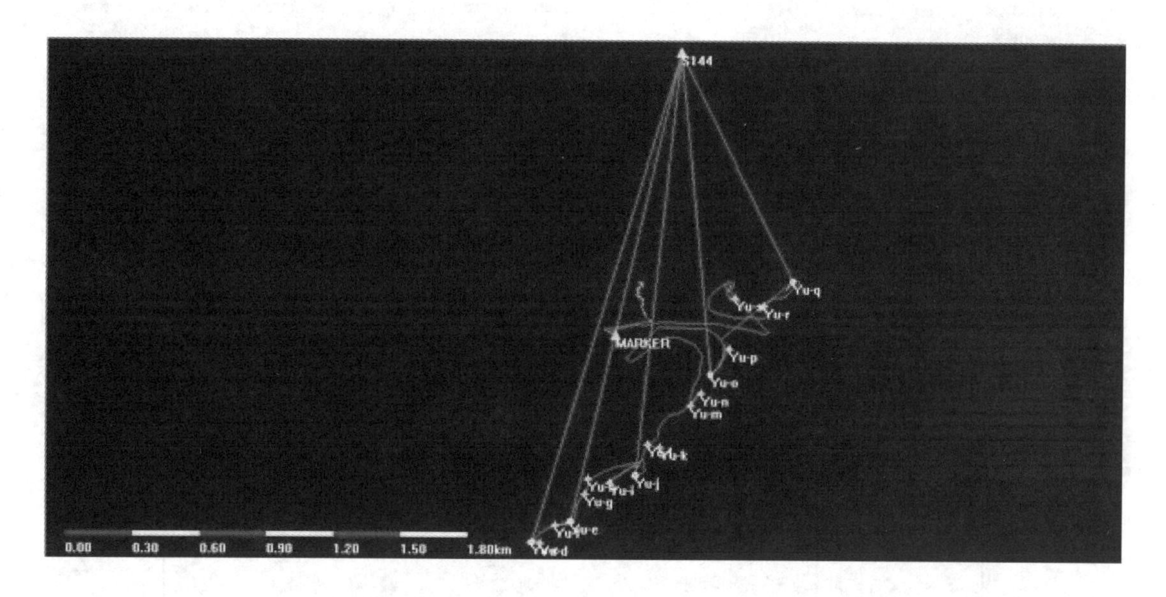

图7－57 网图

同时，在测站界面也会显示出解算之后的基准站和所有流动站信息，如图7－58所示。

行号	测站	类型	当地纬度	Std.Lat(sec)	当地经度	Std.Lon(sec)	大地高(m)	Std.H(m)	北坐标(m)	Std.N(m)	东坐标(m)	Std.E(m)	高程(m)	Std.h(m)
2	S144	基准站	24°45'52.39262"N	0.0000	121°13'40.22997"E	0.0000	259.5984	0.0000	2741134.9...	0.0000	320742.3613	0.0000	266.3021	0.0000
3	Yu-c	流动站	24°44'41.43047"N	0.0001	121°13'18.98574"E	0.0001	532.0947	0.0113	2738958.6...	0.0042	320116.9287	0.0034	532.0947	0.0113
4	Yu-c	流动站	24°44'41.43025"N	0.0001	121°13'18.98574"E	0.0001	532.0759	0.0113	2738958.6...	0.0041	320116.9285	0.0034	532.0759	0.0113
5	Yu-d	流动站	24°44'41.25003"N	0.0001	121°13'20.24260"E	0.0001	532.3006	0.0112	2738962.5...	0.0040	320152.1846	0.0032	532.3006	0.0112
6	Yu-d	流动站	24°44'41.24982"N	0.0001	121°13'20.24263"E	0.0001	532.2053	0.0112	2738962.5...	0.0040	320152.1852	0.0034	532.2053	0.0112
7	Yu-d	流动站	24°44'41.24974"N	0.0001	121°13'20.24294"E	0.0001	532.1835	0.0111	2738962.5...	0.0039	320152.1939	0.0035	532.1835	0.0111
8	Yu-e	流动站	24°44'44.42608"N	0.0001	121°13'24.63304"E	0.0001	532.6818	0.0107	2739048.7...	0.0035	320276.8610	0.0036	532.6818	0.0107
9	Yu-e	流动站	24°44'44.42573"N	0.0001	121°13'24.63388"E	0.0001	532.6898	0.0106	2739048.7...	0.0032	320276.8044	0.0038	532.6898	0.0106
10	Yu-f	流动站	24°44'43.86102"N	0.0001	121°13'22.41939"E	0.0001	533.0017	0.0107	2739032.1...	0.0032	320214.4138	0.0039	533.0017	0.0107
11	Yu-f	流动站	24°44'43.86110"N	0.0001	121°13'22.41979"E	0.0001	532.9953	0.0107	2739032.1...	0.0032	320214.4251	0.0040	532.9953	0.0107
12	Yu-g	流动站	24°44'48.35369"N	0.0001	121°13'26.63551"E	0.0002	522.5588	0.0252	2739168.9...	0.0045	320334.7154	0.0054	522.5588	0.0252
13	Yu-g	流动站	24°44'48.35382"N	0.0002	121°13'26.63591"E	0.0002	522.5288	0.0208	2739168.9...	0.0056	320334.7267	0.0059	522.5288	0.0208
14	Yu-h	流动站	24°44'50.60675"N	0.0002	121°13'27.13574"E	0.0002	521.4939	0.0208	2739238.0...	0.0054	320349.6756	0.0059	521.4939	0.0208
15	Yu-h	流动站	24°44'50.60642"N	0.0002	121°13'27.13599"E	0.0002	521.5174	0.0205	2739238.0...	0.0054	320349.6827	0.0059	521.5174	0.0205
16	Yu-i	流动站	24°44'50.08458"N	0.0001	121°13'30.30514"E	0.0001	507.6404	0.0091	2739220.8...	0.0035	320438.5512	0.0036	507.6404	0.0091
17	Yu-i	流动站	24°44'50.08485"N	0.0001	121°13'30.30514"E	0.0002	507.6462	0.0108	2739220.8...	0.0041	320438.5514	0.0043	507.6462	0.0108
18	Yu-j	流动站	24°44'51.21197"N	0.0002	121°13'33.99290"E	0.0001	507.9767	0.0137	2739254.1...	0.0047	320542.6552	0.0038	507.9767	0.0137
19	Yu-j	流动站	24°44'51.21229"N	0.0002	121°13'33.99275"E	0.0002	507.9870	0.0184	2739254.2...	0.0061	320542.6513	0.0047	507.9870	0.0184
20	Yu-k	流动站	24°44'55.23299"N	0.0001	121°13'37.44193"E	0.0001	504.8285	0.0164	2739376.7...	0.0043	320641.2026	0.0030	504.8285	0.0164
21	Yu-k	流动站	24°44'55.23330"N	0.0001	121°13'37.44221"E	0.0001	504.8686	0.0167	2739376.7...	0.0044	320641.2107	0.0031	504.8686	0.0167

图7－58 测站列表

对于动态数据,CGO 能够自动识别并且以动态数据解算的方式进行解算,解算完毕后会在基线列表中显示 PPK 解,如图 7-59 所示。

行号	基线ID	起点	终点	解算类型	同步时间	Dx(m)	Std.Dx(m)	Dy(m)	Std.Dy(m)	Dz(m)	Std.Dz(m)
1	B1(58111540.h...	S144	Yu-c	PPK解	01:26:35	-91.8095	0.0052	1302.9516	0.0087	-1868.8312	0.0074
2	B2(58111540.h...	S144	Yu-e	PPK解	01:25:30	-207.8230	0.0063	1188.1453	0.0083	-1784.8758	0.0055
3	B3(58111540.h...	S144	Yu-j	PPK解	01:46:20	-375.7740	0.0059	957.8622	0.0119	-1605.5733	0.0070
4	B4(58111540.h...	S144	Yu-o	PPK解	00:56:15	-537.1312	0.0056	638.4912	0.0102	-1200.3112	0.0058
5	B5(58111540.h...	S144	Yu-q	PPK解	01:39:20	-695.0218	0.0081	259.0608	0.0112	-852.3341	0.0072

图 7-59　PPK 解

动态数据并不限于一个基站,可以有双基站或者多基站,同样的,流动站也不限于只有一个。本文档数据是一对基站和流动站下得到的。

(四)成果输出

在"网图或基线"列表中选择"基线",然后在左侧"基线处理"菜单中点击"基线处理报告",可以得到 PPK 数据解算报告,PPK 解算报告可以输出 4 种不同形式的报告,如图 7-60 所示。

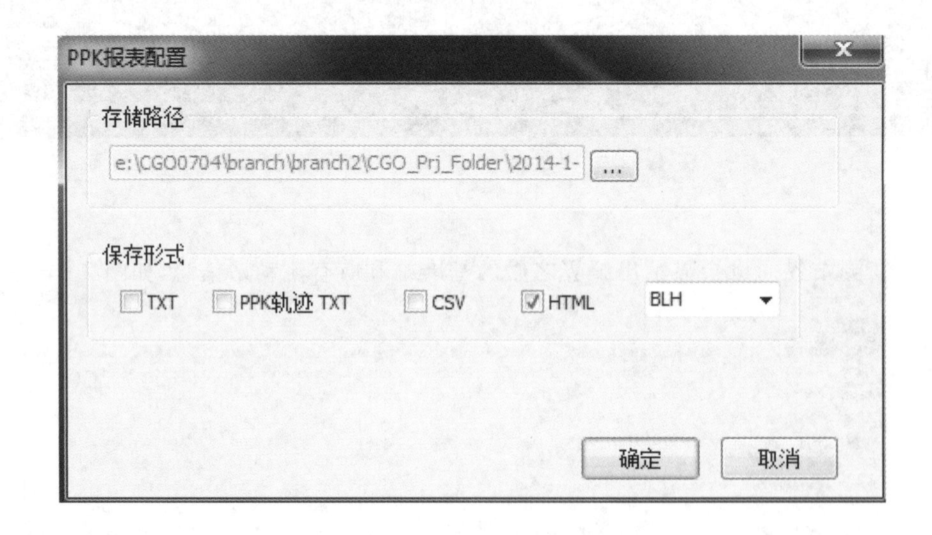

图 7-60　PPK 报表配置

TXT、CSV 输出的都是点的坐标信息,PPK 轨迹 TXT 按时间顺序打印出各个流动站的相关信息。

HTML 格式的报告如图 7-61 所示,用户不仅可以在线阅读各类报告,还可以在项目路径下的 Reports 子文件夹中查看报告的详细情况。

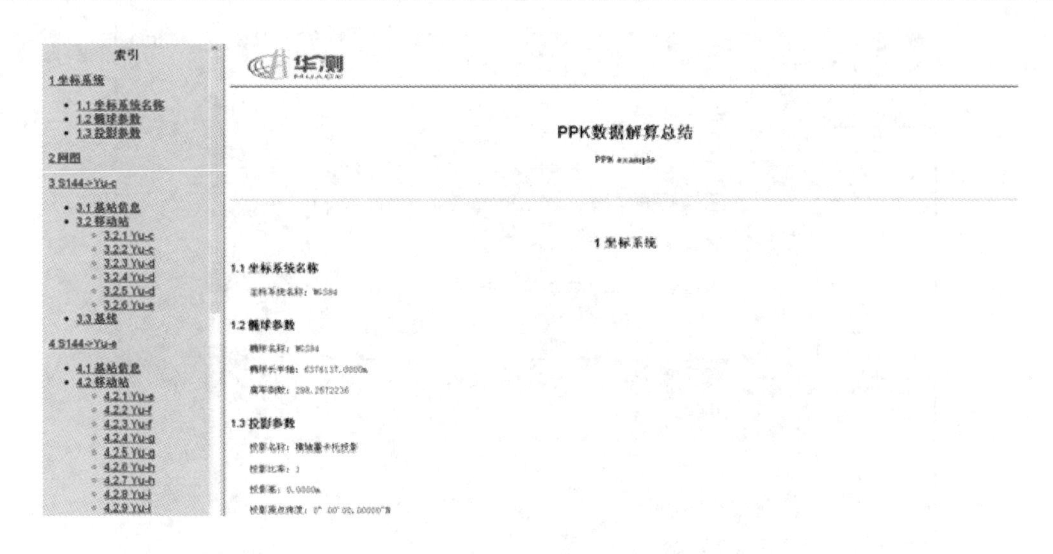

图7-61 成果报告

第三节 中海达GPS数据处理

静态数据处理的一般步骤包括：

(1)新建项目,并设置坐标系统。

(2)导入数据,并编辑文件天线高信息。

(3)基线解算,并根据残差信息进行调整,直到基线质量合格。

(4)网平差,输入控制点信息后,完成自由网平差→84约束平差→当地三维约束平差或二维约束平差。

(5)导出各种解算报告。

一、新建项目

执行主程序,启动后处理软件,如图7-62所示。

选择“文件”菜单的“新建项目”进入任务设置窗口。在项目名称中输入项目名称,同时可以选择项目存放的文件夹,工作目录中显示的是现有项目文件的路径,确定完成新项目的创建工作。

二、项目属性修改

设置好项目名称和工作目录后,系统将自动弹出项目属性设置对话框,用户可以设置项目的细节,这里主要是对“限差”项进行设置(图7-63)。

注意:可以通过导航条直接打开项目属性,导航条包含了HGO后处理的一般过程。

三、坐标系统设置

选择“文件”菜单的“坐标系统设置”,或者通过导航条直接打开坐标系统。系统将弹出“坐

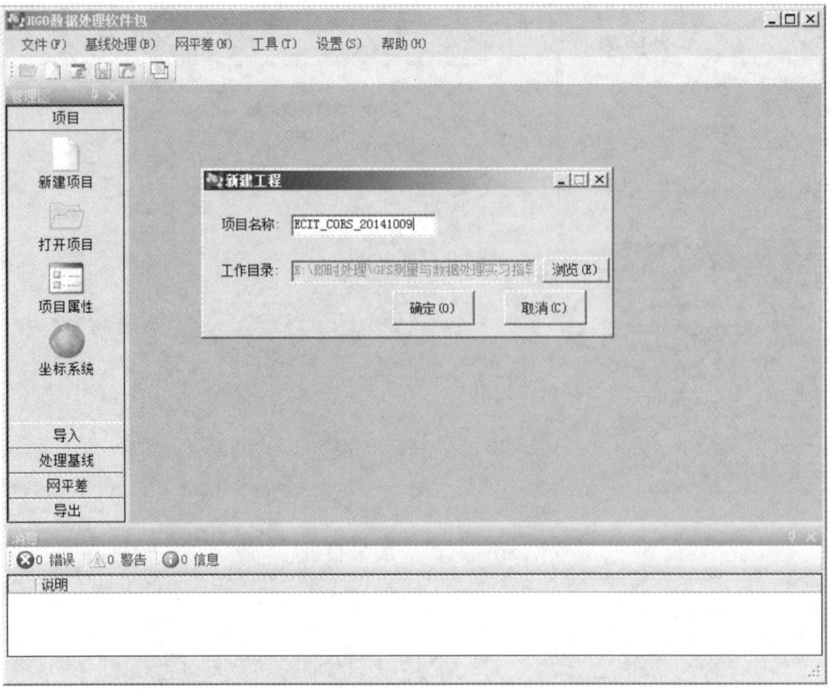

图 7-62　新建工程

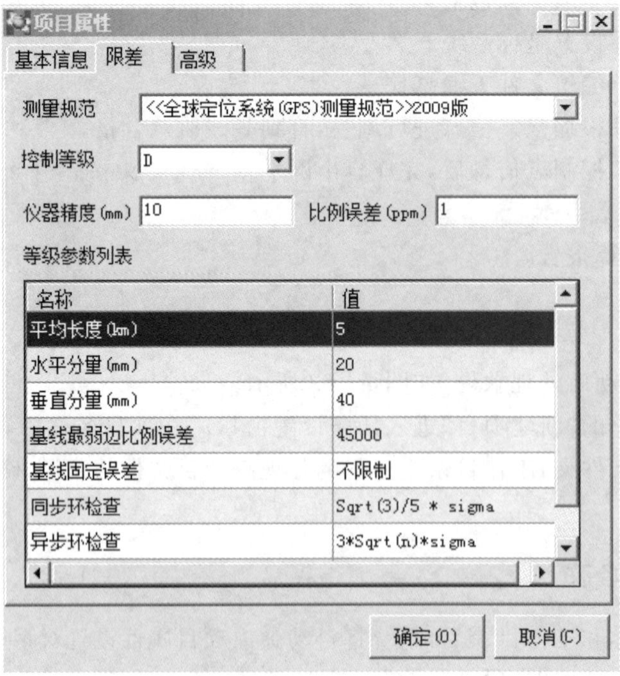

图 7-63　项目属性

标系统”属性设置对话框，这里主要是对地方参考椭球和投影方法及参数进行设置(图7-64)。

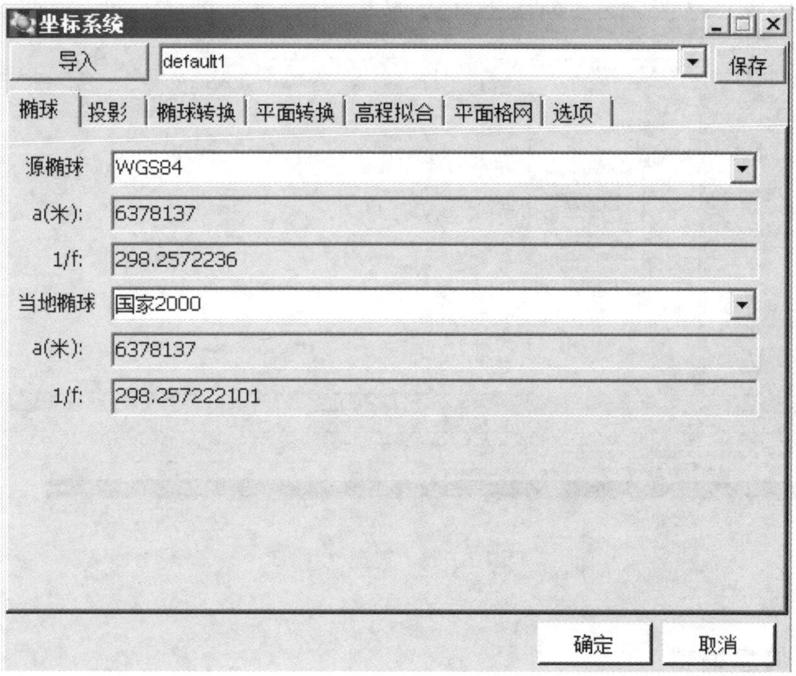

图 7-64　坐标系统

四、导入文件

任务建完后，开始加载观测数据文件。选择“文件→导入”，在弹出的对话框中选择需要加载的数据类型，按导入文件或者导入目录，进入文件选择对话框（图 7-65）。

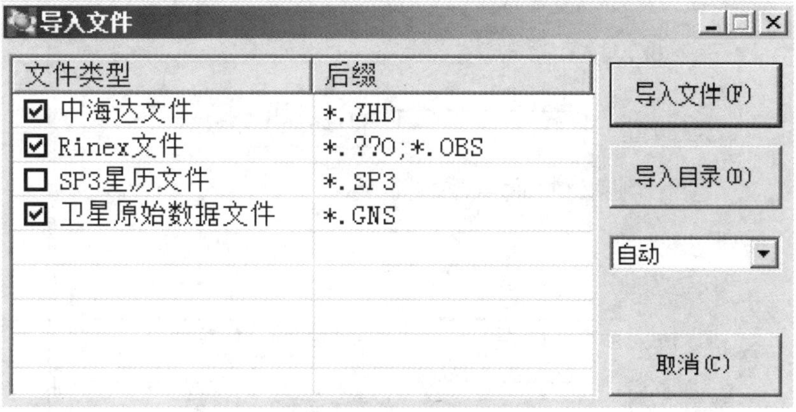

图 7-65　导入文件

也可以通过导航条导入文件。导入数据后，软件自动形成基线、同步环、异步环、重复基线等信息。显示窗口如图 7-66 所示。

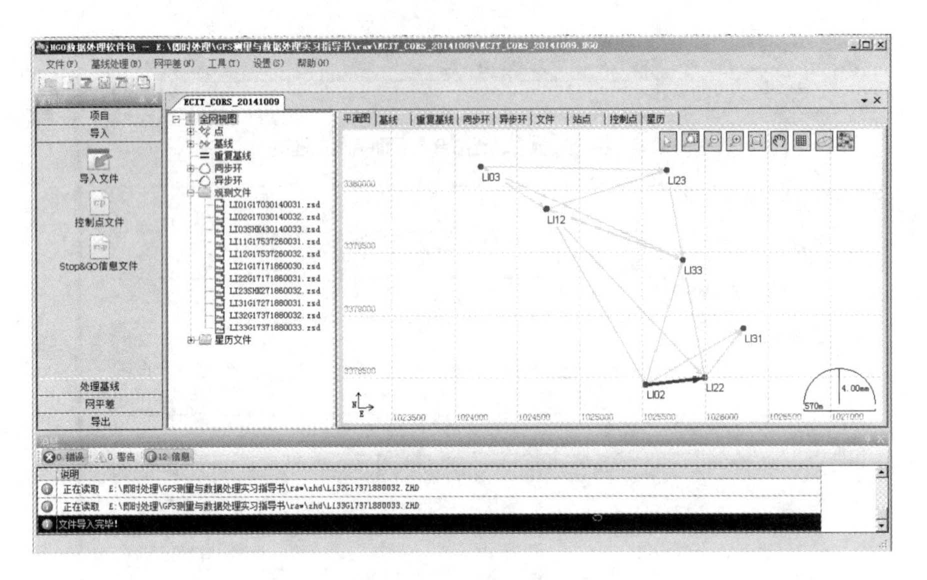

图 7-66 观测文件

五、文件信息编辑

当数据加载完成后，系统会显示所有的文件，点击中间的树形目录的观测文件，并将右边工作区选项卡切换为文件，即可查看详细的文件列表。双击某一行，即可弹出编辑界面，这里主要是为了确定天线高、接收机类型、天线类型。按照相同方法完成所有文件天线信息的录入或编辑(图 7-67)。

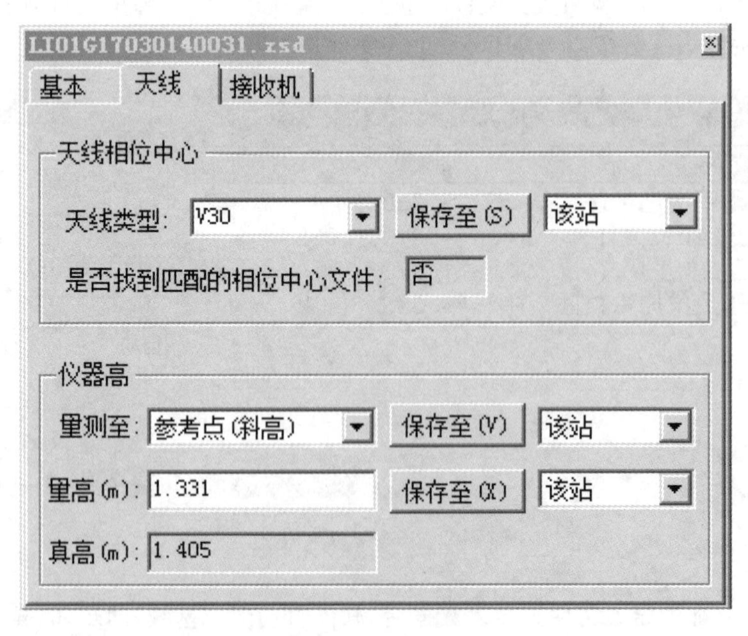

图 7-67 文件编辑

六、处理基线

当数据加载完成后，系统会显示所有的基线向量，平面图会显示整个基线网的情况。下一步进行基线处理，单击菜单“基线处理→处理全部基线”，系统将采用默认的基线处理设置，处理所有的基线向量。处理过程中，显示整个基线处理过程的进度。从基线列表中也可以看出每条基线的处理情况（图7-68）。

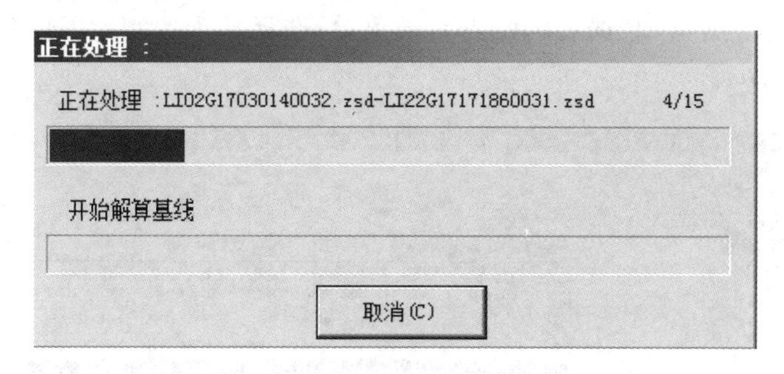

图7-68　处理基线

基线解算的时间由基线的数目、基线观测时间的长短、基线处理设置的情况，以及计算机的速度决定。处理全部基线向量后，基线列表窗口中会列出所有基线解的情况，网图中原来未解算的基线也由原来的浅色改变为深色（图7-69）。

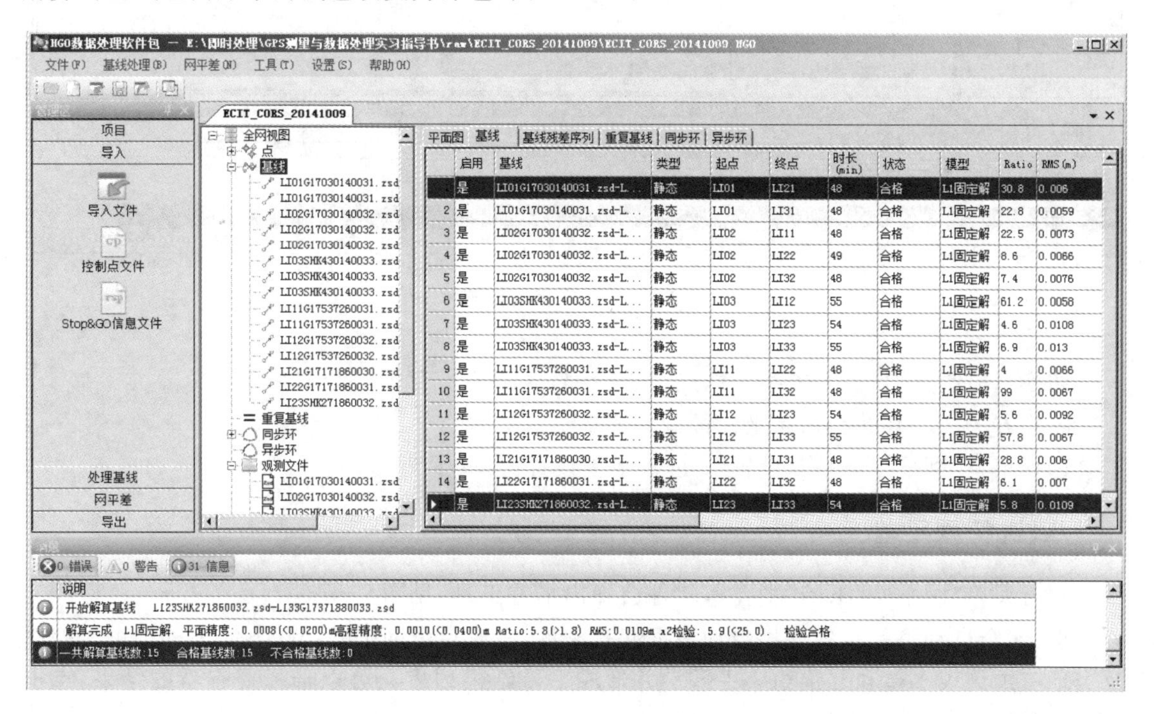

图7-69　基线列表

七、平差前的设置

在基线处理完成后，需要对基线处理成果进行检核。通常情况下，如观测条件良好，一般一次就能成功处理所有的基线。基线解算合格后，还需要根据基线的同步观测情况剔除部分基线。

现在我们直接进入网平差的准备。首先确定哪些站点是控制点。在树形视图区中切换到点，在右边工作区点击站点，对选中的站点右键菜单，选择转为控制点，这些点会自动添加到控制点列表中(图 7－70)。

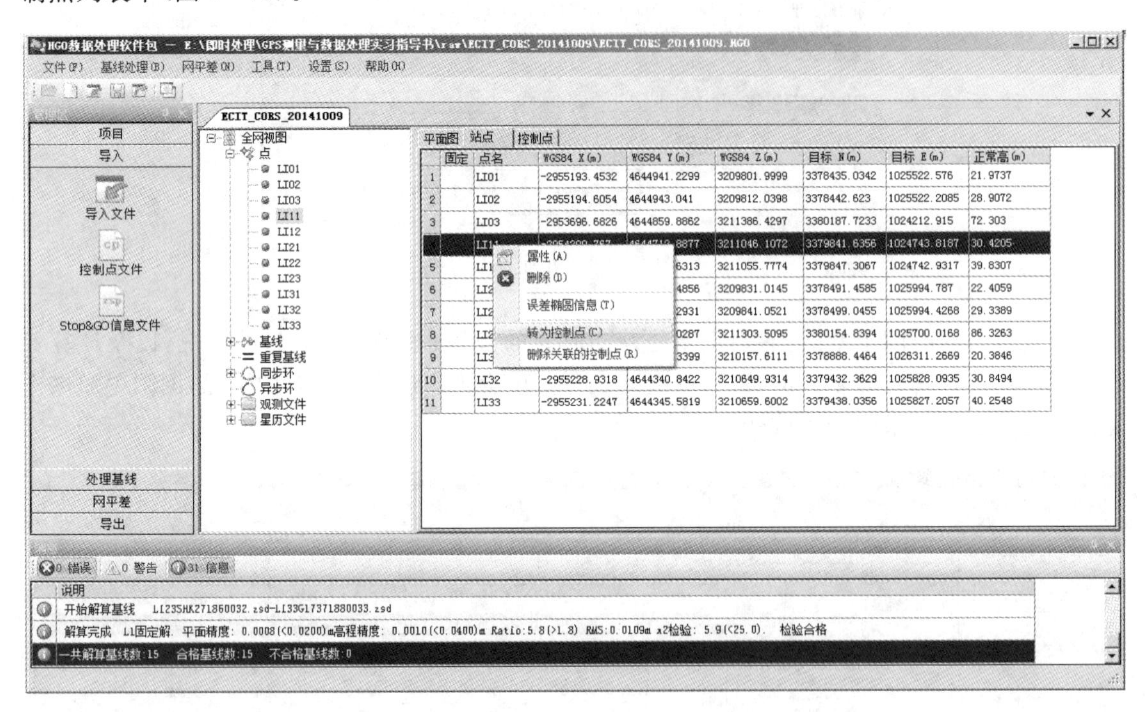

图 7－70　平差前设置

切换到控制点列表，双击某个站点名进行编辑(图 7－71)。

同样方法把所有的已知点坐标都输入完毕。

选择菜单“网平差→平差设置”，进入平差设置窗口(图 7－72)。

八、进行网平差

执行菜单“网平差”下的“平差”，软件会弹出平差工具，见图 7－73。

点击“全自动平差”，软件将自动根据起算条件，完成自由网平差、WGS84 下的约束平差以及当地三维约束平差和二维约束平差。并形成平差结果列表。可以选择要查看的结果，点击“生成报告”，即可查看报告。

九、成果输出

在“网平差”中选“平差报告设置”，可以对输出内容及格式进行指定和选择(图 7－74)。

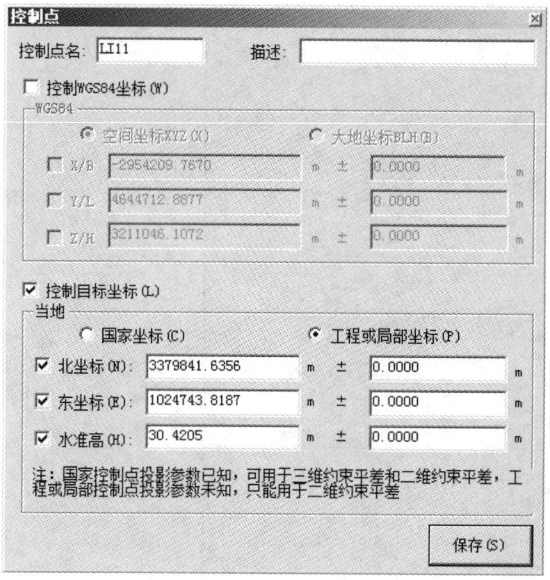

图 7－71　输入控制点

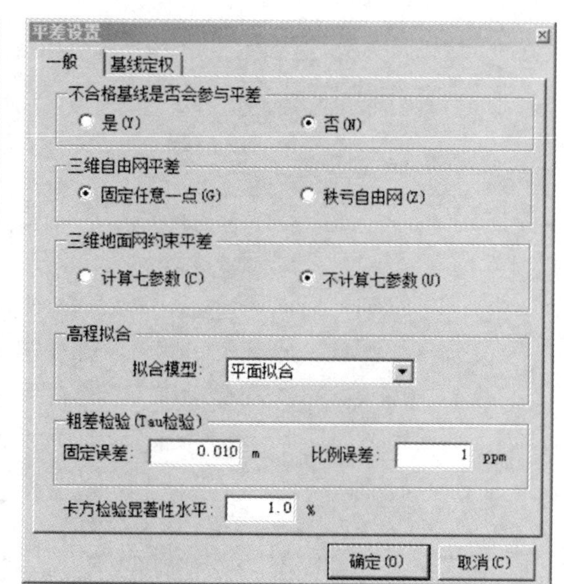

图 7－72　平差设置

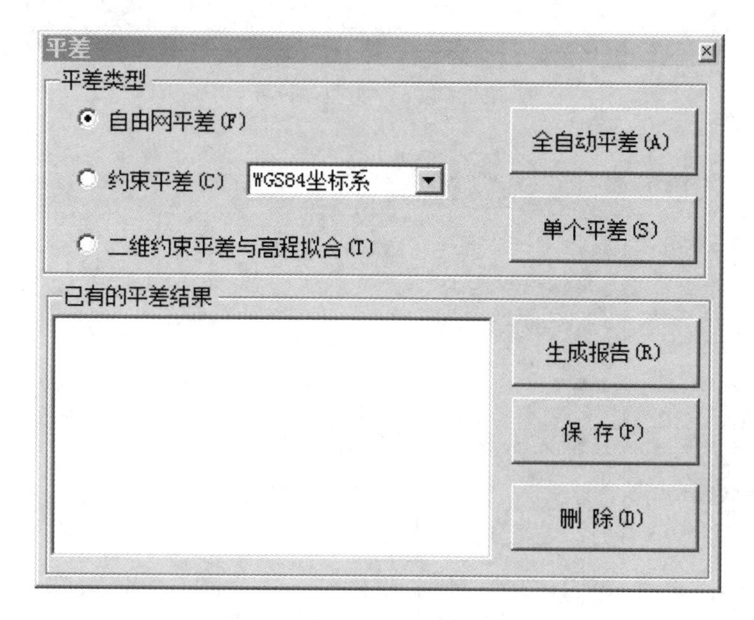

图 7－73　平差

然后在“网平差→平差工具”中点击“生成报告”，即可导出相应的平差报告了。以生成 HTML 格式报告为例，平差结果中的全部内容输出成一个 HTML 报告形式(图 7－75)。

至此，一个完整的基线解算成果以及平差后的各站点坐标成果都已经获得，静态解算完成。

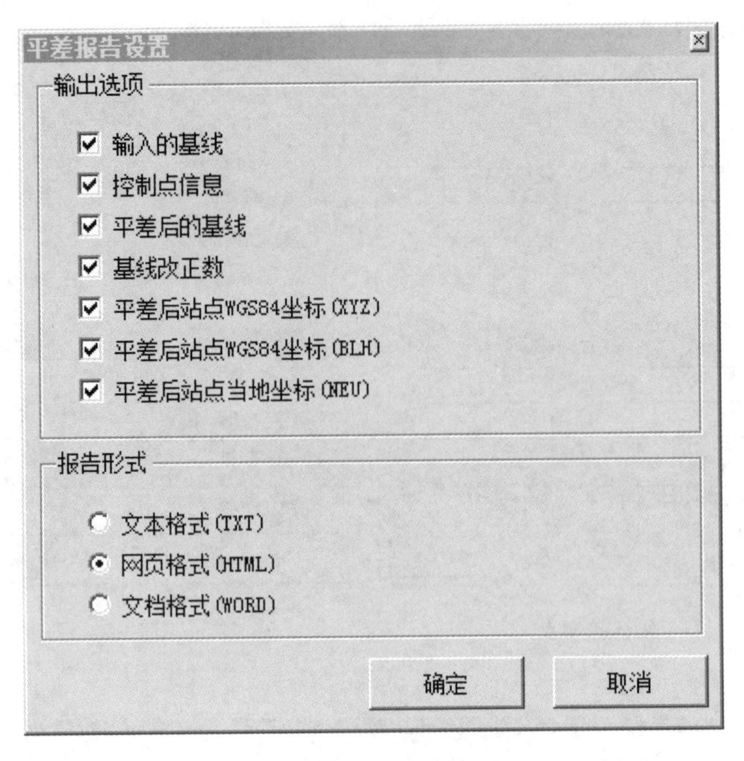

图7-74　平差报告设置

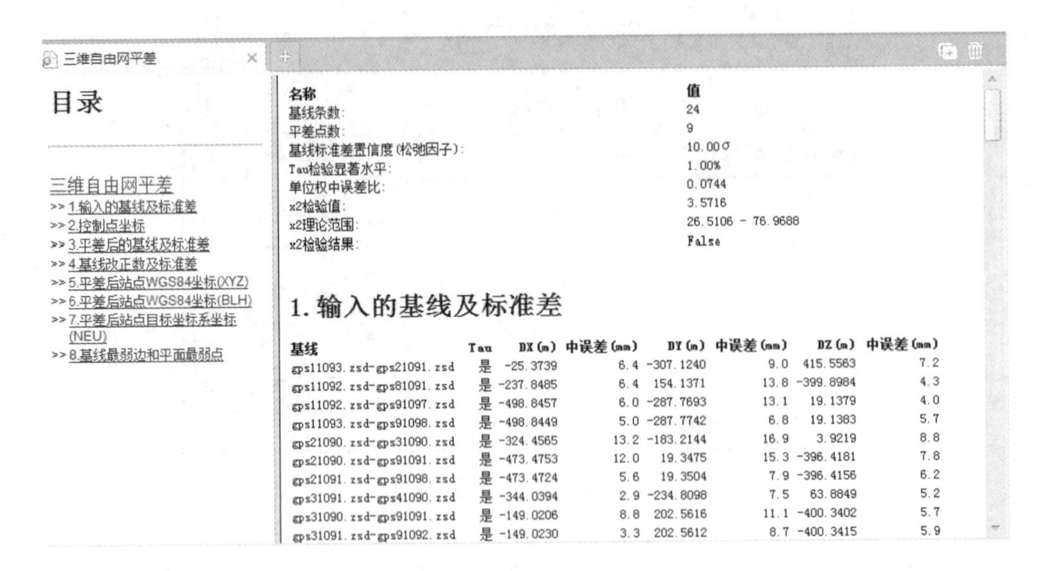

图7-75　网页平差报告

十、动态 GNSS 数据处理

实际上动态基线的处理非常简单，一般来说，动态路线会有两个文件：一个是基站数据文件，一个是移动站文件。

按照前面所说的方法导入文件后，将移动站文件在右键菜单中设置为“动态”类型，再点击“基线解算”，软件即可按照动态线路模式进行数据处理(图7-76)。

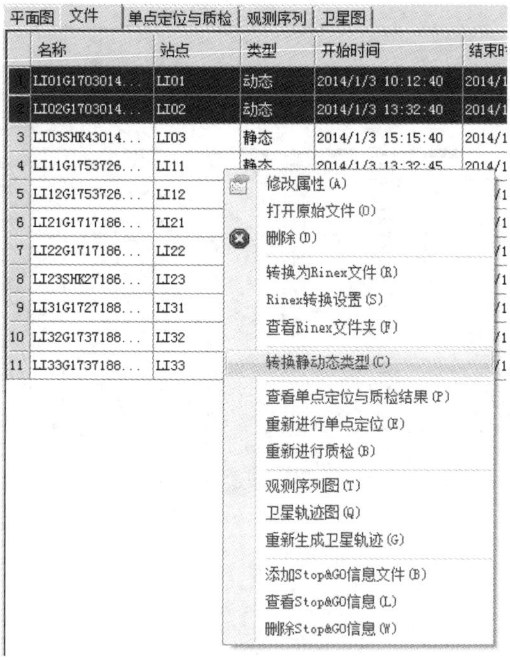

图7-76 动态数据解算

此时再切换到基线列表，即可看到两个文件形成的基线类型为“动态”。

在基线列表中，选择动态基线，右键点击“解算”完成基线解算(图7-77)。

图7-77 动态基线解算

解算后可以点击“解算报告”查看报告，形成每一个历元的定位结果(图7-78)。

LI11G17537260031.zsd-LI02G170301 +

目录

RTD 解算报告
1.参考站信息
2.坐标系统
3.RTD解算结果报表 Stop
3.RTD解算结果报表 Go

3. RTD解算结果报表　Stop

ID	名称	开始时间:	时长(s)	状态	模型	Ratio	RMS[mm]	平面精度(mm)	垂直精度(mm)	WGS84-B	WGS84-L	WGS84-H(m)	North(m)	East(m)	Up(m)

4. RTD解算结果报表　Go

Name	Time	卫星数	RMS[mm]	平面精度(mm)	垂直精度(mm)	WGS84-B	WGS84-L	WGS84-H(m)	North(m)	East(m)	Up(m)
LI02_1	2014/1/3 13:32:45	7	669.1	887.0	796.8	030:24:41.44140N	122:27:54.83608E	28.7270	3378443.5825	1025521.6858	28.7270
LI02_2	2014/1/3 13:32:50	7	431.4	571.6	513.8	030:24:41.44077N	122:27:54.85187E	27.5877	3378443.5837	1025522.1092	27.5877
LI02_3	2014/1/3 13:32:55	7	732.1	969.7	872.4	030:24:41.43783N	122:27:54.84001E	28.4651	3378443.4773	1025521.7963	28.4651
LI02_4	2014/1/3 13:33:00	7	498.4	660.0	594.2	030:24:41.42348N	122:27:54.84136E	27.8778	3378443.0363	1025521.8538	27.8778
LI02_5	2014/1/3 13:33:05	7	379.1	501.8	452.1	030:24:41.40109N	122:27:54.87014E	28.6908	3378442.3825	1025522.6571	28.6908
LI02_6	2014/1/3 13:33:10	7	586.0	775.4	699.1	030:24:41.40352N	122:27:54.84113E	28.9860	3378442.4198	1025521.8775	28.9860
LI02_7	2014/1/3 13:33:15	7	435.1	575.6	519.3	030:24:41.42013N	122:27:54.85954E	27.7766	3378442.9564	1025522.3451	27.7766
LI02_8	2014/1/3 13:33:20	7	636.7	841.9	760.2	030:24:41.40895N	122:27:54.85996E	29.0774	3378442.6119	1025522.3732	29.0774
LI02_9	2014/1/3 13:33:25	7	370.8	490.1	442.8	030:24:41.43028N	122:27:54.85972E	28.4545	3378443.2700	1025522.3349	28.4545
LI02_10	2014/1/3 13:33:30	7	231.6	306.0	276.7	030:24:41.40724N	122:27:54.87005E	28.5199	3378442.5722	1025522.6456	28.5199
LI02_11	2014/1/3 13:33:35	7	245.8	324.7	293.9	030:24:41.41999N	122:27:54.85865E	27.4866	3378442.9511	1025522.3217	27.4866
LI02_12	2014/1/3 13:33:40	7	312.3	412.4	373.5	030:24:41.39563N	122:27:54.86444E	28.3947	3378442.2067	1025522.5129	28.3947
LI02_13	2014/1/3 13:33:45	7	486.7	642.5	582.3	030:24:41.41324N	122:27:54.85179E	27.8945	3378442.7339	1025522.1483	27.8945
LI02_14	2014/1/3 13:33:50	7	374.8	494.5	448.5	030:24:41.40819N	122:27:54.84925E	29.1529	3378442.5747	1025522.0879	29.1529
LI02_15	2014/1/3 13:33:55	7	579.1	763.9	693.3	030:24:41.41301N	122:27:54.84753E	28.3227	3378442.7211	1025522.0345	28.3227
LI02_16	2014/1/3 13:34:00	7	581.0	766.1	695.8	030:24:41.41934N	122:27:54.84685E	28.9152	3378442.9155	1025522.0071	28.9152
LI02_17	2014/1/3 13:34:05	7	486.7	641.6	583.2	030:24:41.40393N	122:27:54.86329E	28.2424	3378442.4613	1025522.4698	28.2424
LI02_18	2014/1/3 13:34:10	7	540.0	711.6	647.2	030:24:41.42381N	122:27:54.85825E	29.4054	3378443.0683	1025522.3053	29.4054
LI02_19	2014/1/3 13:34:15	7	542.7	714.9	650.7	030:24:41.42532N	122:27:54.84935E	28.3194	3378443.1035	1025522.0650	28.3194
LI02_20	2014/1/3 13:34:20	7	681.9	898.0	818.0	030:24:41.42583N	122:27:54.85798E	30.4305	3378443.1303	1025522.2949	30.4305

图 7-78　动态解算报告

第八章　高精度 GPS 数据处理

第一节　GIPSY 数据处理

GIPSY 软件是由美国航空航天局(NASA)喷气推进实验室(Jet Propulsion Laboratory,简称 JPL)开发研制的 GPS 数据后处理和卫星定轨软件。除了 GPS 数据,软件还可以处理 SLR、Topex、Doris 等空间大地测量观测数据。GIPSY 不仅可以处理不同模式的静态观测数据,也可以处理动态观测数据。因为其计算采用具有较高数值稳定性的均方根信息滤波算法(Square Root Information Filter,简称 SRIF),并具有独特的精密单点定位(Precise Point Positioning,简称 PPP)功能和无需"双差"法消除卫星钟差等特点,因而被广泛应用于大型 GPS 观测网络的数据处理。

GIPSY 可免费提供给一些非赢利性质的研究机构和大学等单位使用,但对申请单位和使用者有较严格的资质要求,这种状况在很大程度上限制了它的广泛应用。另外,GIPSY 尚未开放源代码,而介绍 GIPSY 使用的文献也相对很少,所以在国内至今应用并不普遍,估计今后仍将局限在少数的一些大学和研究机构,而不会像源代码开放的 GAMIT 那样获得较广泛的介绍和应用。

一、GIPSY 数据处理原理

GIPSY 将观测的载波相位伪距(L)和码伪距(P)模型化为下列表达式:

$$L=\rho+C\cdot(dt-dT)+\lambda b-d_{ion}+d_{trop} \tag{8-1}$$

$$P=\rho+C\cdot(dt-dT)+d_{ion}+d_{trop}+d_{\rho} \tag{8-2}$$

这里 ρ 是卫星与接收机之间的距离,对于静态测量,距离 ρ 是卫星位置(Xs,Ys,Zs)的函数,而卫星位置沿轨道随时间变化受太阳辐射压、万有引力、地球自转、章动、进动以及潮汐等因素的影响;d_{ρ} 是数据中所包含的由多路径效应和其他没有用模型描述的各种误差的总和;C 是光速;dt 和 dT 是卫星和接收机时钟偏差;b 是相位整周模糊度;d_{ion} 和 d_{trop} 分别是电离层和对流层引起的延迟项。因为载波相位或伪距测量均按选择的间隔(如 30 秒)连续观测,因此很容易在一次观测中得到成千上万的观测值。

数据处理的目标从本质上来说就是对观测结果进行模型化,并对模型中的有关参数(如测站坐标、卫星钟差和接收机钟差、大气参数等)进行最佳估计。设 z 是所有观测值的列向量,x 是所有参数的列向量,那么 z 可以被模型化为 x 的函数:

$$z=f(x)+\text{Data\_Noise}+\text{misModeling} \tag{8-3}$$

因为 f 本身是非线性的,我们可以采用泰勒级数将其线性化:

$$z = f(x) \approx f(x_0) + f'(x_0)(x - x_0) + O(x_0) \quad (8-4)$$

这样,式(8-4)变为:

$$V = \boldsymbol{B}\delta X + l \quad (8-5)$$

这里 $V = z - f(x_0)$,$\boldsymbol{B} = f'(x_0)$,$\delta X = x - x_0$(x_0 是模型参数的初始值),$\boldsymbol{B}$ 是系数矩阵(变化矩阵),$l = O(x_0)$。设 $\boldsymbol{P}$ 为观测值 z 的权重矩阵。

正如前面所述,数据处理的目标是获得式中 δX 的最佳估值,从而使观测值与模型在最小二乘意义上达到最佳拟合(Gregorius,1996)。在数学角度上看,即确定出使 $V^T\boldsymbol{P}V$ = 最小的 δX。即:

$$\hat{\delta X} = -(\boldsymbol{B}^T\boldsymbol{P}\boldsymbol{B})^{-1}(\boldsymbol{B}^T\boldsymbol{P}l) \quad (8-6)$$

$\hat{\delta X}$的协方差矩阵为:

$$\hat{W} = (\boldsymbol{B}^T\boldsymbol{P}\boldsymbol{B})^{-1} \quad (8-7)$$

注意,上述方程在数学上是严密的,但当进行数值计算时,如果方法欠佳,往往会非常麻烦且不稳定。GIPSY 采用均方根信息滤波算法(Square Root Information Filter,简称 SRIF)使计算过程变得稳健和高效(Webb,Zumberge,1995)。

二、GIPSY 数据处理策略

GIPSY 用于 GPS 数据处理的一些常见功能包括:估计轨道和测站坐标,固定坐标或无基准,精密单点定位,估计对流层梯度参数等。这些处理功能可以组合形成一系列数据处理策略,如固定精密轨道同时估计大气梯度。以下介绍几种最常用的数据处理策略。

1. 精密单点定位

精密单点定位(Precise Point Positioning,简称 PPP)是 JPL 推荐使用的一种先进算法。该算法通过同时固定 GPS 精密星历和卫星钟,利用载波相位和伪距资料进行单台站的精密坐标解算。其主要思想是利用 IGS 全球跟踪站计算出所有卫星的精密轨道参数和钟差改正(目前精密轨道误差小于 3cm,卫星钟差小于 0.1ns),将它们看作已知并汇同其他已知的卫星信息和地球运动学参数及模型(如时间、极移、极轴方向和卫星掩蔽),仅利用任何足够长度的单点 GPS 观测数据,即可确定出该点的高精度坐标及其协方差矩阵。图 8-1 给出了在 6 小时和 24 小时两种观测长度下,PPP 处理结果的比较实例,结果表明当连续观测数据不小于 6 小时,其处理获得的结果已与采用 24 小时的结果具有相当的精度。

PPP 方法的优点包括:①计算占用时间少,计算时间只随测站数线性增长,对于 n 个 GPS 站点,其处理时间为 $O(n)$。若进行一般的整网处理,则所需时间近似为 $O(n^3)$,因此,普通工作站即可胜任 PPP 计算。②单点结果可以与多点网络解等价。③每站处理结果不受其他观测站质量影响。

但 PPP 方法也存在一些缺陷:①所有计算都是单站处理,站与站之间的相关性没有纳入计算当中。②非差方式无法解算出模糊度,求解模糊度还需要双差。通常的做法是将观测网划分成几个子网,GIPSY 可以对每个子网的精密单点定位结果按"网络模式"进行进一步的相位模糊度修复,从而改善处理结果的精度。③由于 PPP 算法假定卫星轨道完全准确无误,必然使处理结果的形式中误差小于实际中误差,因此,对精密单点定位结果进行精度评估时,需要对其给出的形式中误差进行适当放大(如乘以 2 倍左右的放大系数)才比较真实。

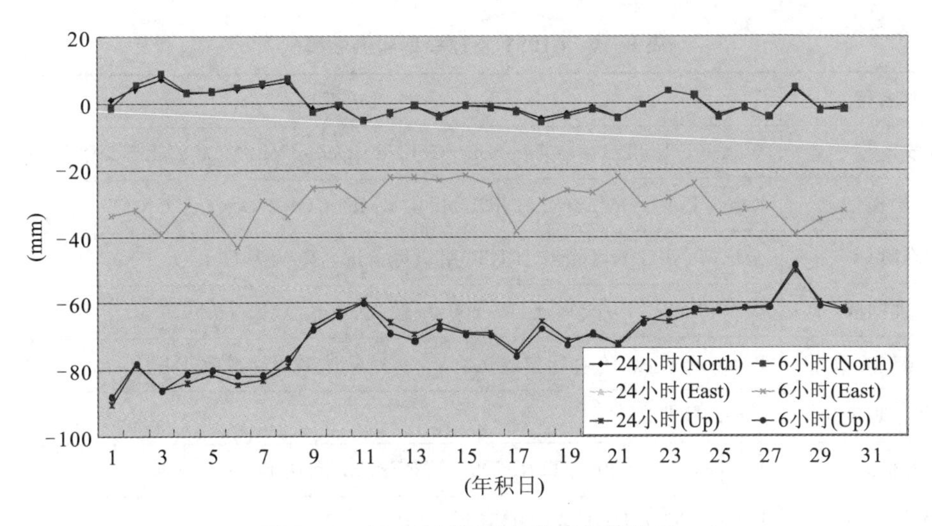

图 8-1　ALGO不同时长数据解算结果

2. 无基准算法

无基准(Non-Fiducial)算法是为了较好地保持地固框架而提出的地面观测网的处理方法,其核心是将所有地面测站(IGS站或非IGS站)同等对待,即不将测站位置固定或仅作较弱约束(如～1km),所有测站位置、卫星初始位置和速率、卫星的太阳光压辐射系数、测站天顶对流延迟湿分量、载波相位模糊度、卫星时钟、测站时钟都作为参数进行估计。

无基准算法具有以下显著的优点:①能很好地保持各站点间的几何形状和相对位置,不会发生强制约束所导致的整网扭曲。②可有效避免基准站的误差影响。③允许观测网整体性移动,便于通过简单的七参数Helmet变换建立内部独立的坐标基准或归化到统一的参考框架。④可以保证不损失精度亦无须重新计算的情况下方便转换至新的参考框架。

无基准算法解算步骤:首先利用PPP方式以较弱约束计算各测站单日时段松弛约束解。然后应用最小约束剔除因松弛约束定义的内部参考框架的不确定性。最后通过七参数变换得到各站在指定参考框架下的固定约束解。

3. 相关对流层

当站点分布的区域较大时,需要对每个测站参数和对流层参数进行估计,这样参数多且计算负担重。而当几个测站相距较近时,我们可假定这些测站的对流层延迟是基本相同的,就可以采用相关对流层策略,只需估计测站参数和公共的对流层参数,这样做既可以提高解的精度,同时也大幅减少参数估计数与计算量。

解算区域GPS数据时,推荐使用本策略。GIPSY可采用的对流层模型有LANYI、LANYI-C、LANYI-NIELL、NIELL、GMF、VMF1GRID。GIPSY 5.0版本默认采用NIELL,用户可以根据需要采用合适对流层模型,建议最好采用GMF模型。

4. 其他参数估计策略

除上述策略外,还可设置GIPSY处理GPS数据的物理模型,包括通用模型及与测站相关参数模型。有关数据处理阶段所涉及可修改的物理模型与参数见表8-1。采用GIPSY处理GPS数据的具体处理流程如图8-2所示。

表 8-1　GIPSY 物理模型和测站模型①

模型名称	可选模型
潮汐模型	WahrK1/PolTid/FreqDepLove/OctTid /OcnldCpn,默认 WahrK1 和 PolTid
对流层模型	Lanyi/Lanyi-c/Lanyi-Niell/Niell/VMF1/ GMF,默认为 GMF
基准时标	全球解 ALGO,区域解 IRKT(用户可自选),默认为 GOLD
观测值间隔	高频(0.02～1s)或常规(1～300s),默认 300s
天线相位中心改正	IGS-01 模型/绝对相位改正。V5.0 后默认采用绝对改正
卫星截止高度角	0°～15°,默认 7°
参考框架	ITRF97/ITRF2000/ITRF2005/ITRF2008,默认 ITRF2008
重力场模型	EGM96/GGM/GEMT/JGM 等,默认为 JGM3.12 * 12
地球定向参数	IERS03、Bulletin A

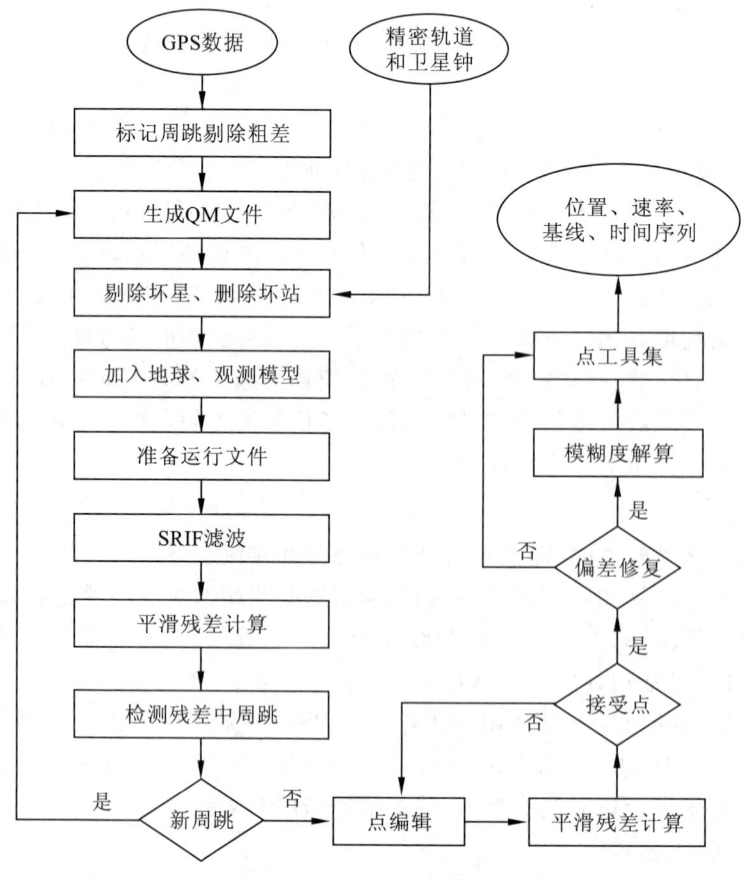

图 8-2　GIPSY 数据处理流程图

①注:https://gipsy—oasis.jpl.nasa.gov/gipsy/docs/Release_Notes_5.0.pdf

三、GIPSY 数据处理流程

以下是我们利用 GIPSY 软件进行 GPS 数据处理的具体做法。

(1)获取已有 IGS 的高精度产品：在 IGS 网站上获取相应观测日的精密卫星轨道、精密卫星时钟改正、卫星掩蔽信息及有关地球的时间、极移、自转和极轴方向等资料。这些资料在数据处理中当作已知，不再进行解算。

(2)选取连接本地网与全球参考框架的“桥梁”子网，并计算获取其单松弛约束解：在全球范围内选取 40 个质量较好、分布合理的 IGS 核心站(ALGO、BAHR、BJFS、CAS1、CHAT、CHUR、DGAR、DRAO、FAIR、GOL2、GOLD、GUAM、HRAO、IISC、IRKT、JOZE、KIRU、KIT3、KOKB、MAC1、MATE、MCM4、NKLG、NYAL、PERT、PETP、POL2、POTS、SANT、SELE、SHAO、STJO、THTI、TIDB、TIXI、TSKB、URUM、USUD、VILL、YELL)构成 1 个 IGS 核心站子网。从 IGS 数据中心获取子网各站点的 RINEX 数据，并用精密单点定位方法获得各点的单日坐标解。并利用同步观测资料，采用 Ambizap 软件进行相位模糊度解算，然后将各点的单日坐标解合并，获得 40 个 IGS 核心站子网坐标及协方差矩阵的单日松弛约束解。

(3)计算获取本地网的单日松弛约束解：采用精密单点定位方法对本地网各观测日的所有站点进行单独处理，获得各点的单日坐标解。然后将所有本地站的单日坐标解合并，获得本地网坐标及协方差矩阵的单日松弛约束解。

(4)对于本地网，因为站点间的距离较短，还可利用同步观测数据，以网络解方式，采用 Ambizap 软件进行相位模糊度解算，同时采用相关对流层估计以进一步提高处理结果的精度。

(5)将本地网单日松弛约束解与第(2)步计算得到的全球 IGS 核心站子网的单日松弛约束解合并，并以 IGS 核心站子网为“桥梁”，通过七参数 Helmert 转换，将单日松弛约束解合并归化到 ITRF2008 参考框架下，获得各点在 ITRF2005 框架下的当日坐标结果及任意两站点之间的基线距离。

四、GIPSY 的最新相位模糊度解算

精密单点定位已广泛应用于 GPS 大地测量网数据处理，由于载波相位模糊度解(AR)能够进一步提高 PPP 的精确度。所以，解算载波相位模糊度非常必要。但采用常规整网解算载波相位模糊度的方法，占时为 $O(n^4)$，这使得通常的整网解算不能超过 100 个站点。

Blewitt 基于固定点理论的模糊度解，开发了 Ambizap 软件，其处理算法是利用一种固定点法则来确定观测网参数的各种线性组合，最终为整个观测网生成唯一、自洽并已消除整周模糊度的单日解。因为从理论上说，观测网参数在模糊度解算过程中是固定不变的：通过初始的 PPP 解来固定整个网络的原点，这样只有相对位置受影响；而 $N-1$ 条基线将确定所有相对位置，如：(A－C)＝(A－B)-(B－C)；因此，初始的 PPP 解加 $N-1$ 条基线具有整网解的信息。

Ambizap 作为 GIPSY 的一个附加软件，其算法流程如图 8－3 所示。利用 Ambizap 计算整网模糊度解耗时约为 $O(n)$。当站点数为 $n=2\ 800$ 时，占时为 $O(n)$，只占 PPP 处理时间的 50%左右。当 $n=98$，在 3GHz CPU 的机器上费时 7 分钟，而利用 AR 需要 22 小时，占时为 $O(n^4)$，如图 8－4 所示。

Ambizap 提供了一个新的网络平差滤波功能，利用其处理得到的解与整网分析解精确匹

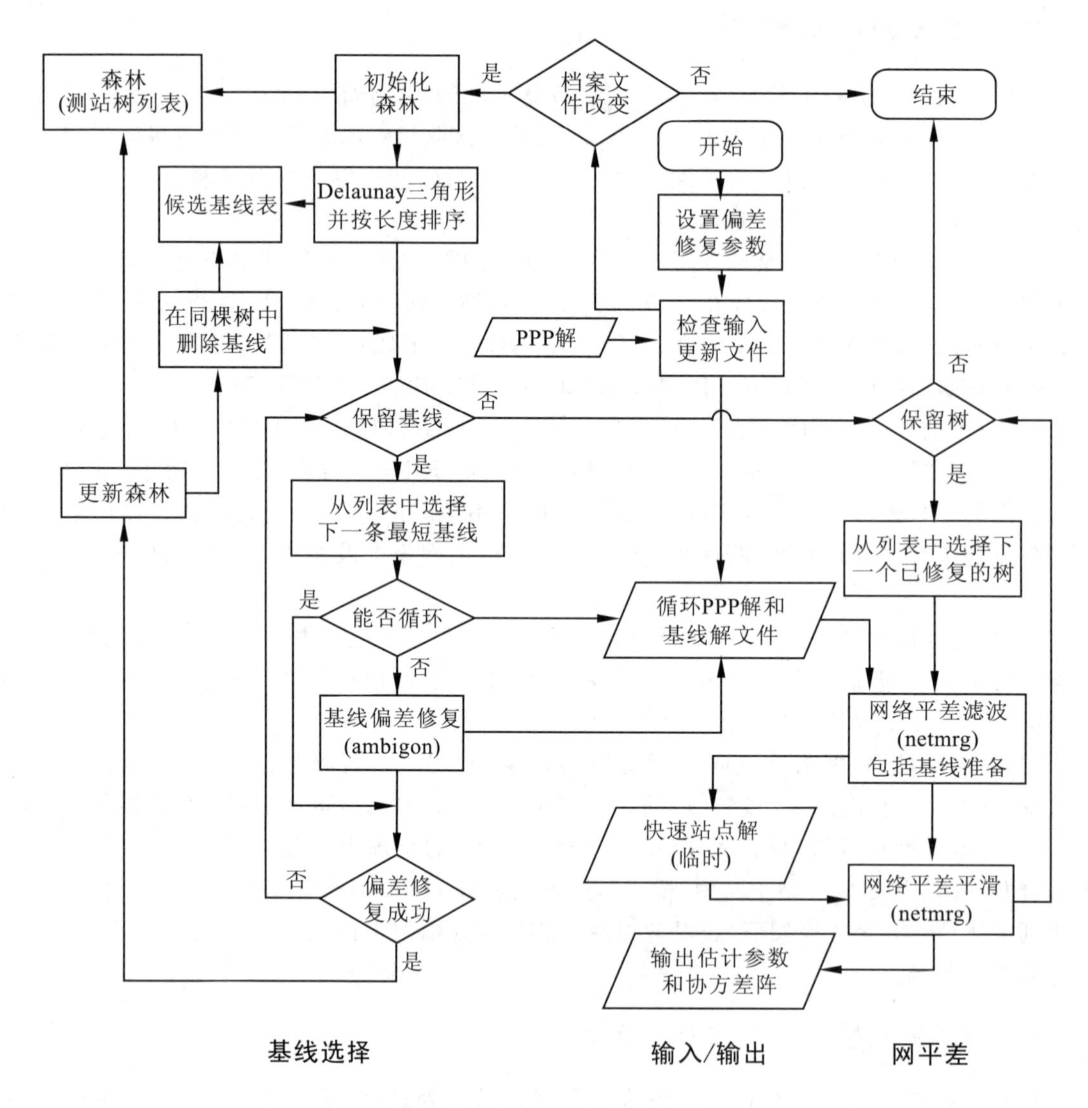

图 8-3　Ambizap 处理流程图

配。单独采用 PPP 方式解算时，RMS 为 3mm，而采用 Ambizap 的网络平差滤波功能时，其解算结果精度达到 1mm，远优于只用 PPP 方式精度。全球 2 000 站的模糊度解需要 2.5 小时，结合 PPP、Ambizap 能快速地重新分析一些重大的观测网络（如 PBO 的 1 000 个 EarthScope 站点），并且能够很容易增加额外的工作站到已有观测网络解而不需要再重新处理所有的数据。为了适应将来的需要，PPP＋Ambizap 将设计成可以在双频 3-GHz 的工作站上每天处理10 000站。如表 8-2 所示。

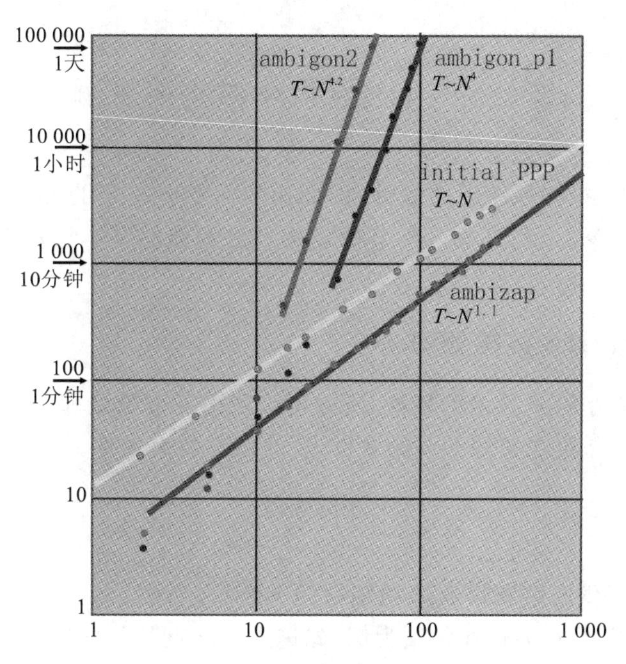

图 8-4　各种方法耗时对比①

（横坐标为站点数，纵坐标为时间，单位为秒）

表 8-2　经典 PPP 与 Ambizap 软件对比①

项目	传统 PPP	Ambizap
处理时间与精度	J F Zumberge(1997)，需要站的载波相位观测值＋轨道＋时钟信息，处理单站单天约 10 秒钟	Blewitt(2008)，处理单站单天数据需要额外约 5 秒钟，但水平精度比 PPP 提高约 2 倍
网解时间复杂度	$T \sim N^4$	$T \sim N$，100 站约 9 分钟、1 000 个站约 2 小时
处理方法	模糊度解采用“bootstrapping”技术：先解出最优的 N，然后再提高剩下 N 的估计，最后再解出次优的 N，如此循环	将 N 个站形成 $N-1$ 条基线，只对每一条基线 bootstrap，因此处理时间只是线性增长
网规模	严格限制 $N \ll 100$	限制 $N \gg 100$
	小网更容易处理	大网更容易处理（即使网中含有坏站点）
提高应用	提高卫星轨道和卫星时钟参数（但典型的站数 N～60）	严格为 PPP 解，现在还没有对轨道和时钟参数提高，且协方差阵不完全

①https://gipsy-oasis.jpl.nasa.gov/gipsy/docs/Ambizap3_2009.pdf

第二节　GIPSY数据处理举例

GIPSY为LINUX操作系统下的软件，因此用户需要有一定的UNIX/LINUX操作系统的基础知识，简单的命令为ls、cd等。本节假设用户已经能够基本操作LINUX系统界面，完成必要简单的流程。

一、GIPSY单站GPS数据处理

GIPSY可以是采用PPP技术的软件，所以可以利用一个单站即可处理，但对星历和钟差有一定的依赖，运行前需要准备好必要的文件，更新软件的表文件。

（一）准备数据

1. RINEX数据

（1）从IGS服务提供网站获得IGS跟踪站的RINEX数据。

如以处理2014年10月7日bjfs站为例，先进入IGS网韩国数据中心（KASI）：ftp://nfs.kasi.re.kr/gps/data/daily/2014/280/。

分别从14o，14n上面下载bjfs2800.14o，bjfs2800.14n，brdc2800.14n，如果下载了14d目录下的文件，则需要下载解压缩的软件。其他的年份和年积日则只需要计算对应的年积日，替换2014及280即可。

（2）利用自己观测得到的原始数据，通过转换软件转换成标准的RINEX文件，再利用TEQC软件进行相应的修改编辑、质量检查等，确保RINEX数据正确。

2. 星历和轨道文件

从JPL的网站上下载，地址为：

ftp://sideshow.jpl.nasa.gov/pub/JPL_GPS_Products/Final/2014/

下载以下文件：2014-10-07.ant.gz、2014-10-07.eo.gz、2014-10-07.frame.gz、2014-10-07.pos.gz、2014-10-07.shad.gz、2014-10-07.tdp.gz、2014-10-07.wlpb.gz、2014-10-07.x.gz、2014-10-07_hr.tdp.gz、2014-10-07_nf.eo.gz、2014-10-07_nf.pos.gz、2014-10-07_nf.tdp.gz、2014-10-07_nf.wlpb.gz、2014-10-07_nf_hr.tdp.gz。

这些下载的文件当中：2014-10-07.wlpb.gz是进行单站模糊度解算需要的文件，2014-10-07_nf_hr.tdp.gz是进行高频数据处理需要的文件，加"_nf"的文件是无基准解需要的文件。下载其他日期的数据，只需要换成对应的时间即可。

3. sta_info数据库

如果处理已有的IGS站点数据，则这步可以略过；处理本地站点数据则需要更新sta_id、sta_pos、sta_svec文件。

在命令行中输入：

```
si_up BJFS . bjfs2800.14o
```

即会生成sta_id、sta_pos、sta_svec文件，将这3个文件内容分别拷至$GOA_VAR/sta_info目录下对应的文件当中。以后处理到bjfs站时，不再需要生成该文件了。

4. 天线校正文件

现行的天线校正模型是绝对天线校正模型，所以需要进行手动生成。生成运行的命令：

antex2xyz. py - antexfile $GOA_VAR/etc/antenna_cals_xmit/igs08_1604. atx - xyzfile BJFS. xyz - anttype TRM59800. 00 - recname BJFS - radcode SCIS - fel 0 - del 5 - daz 5 - extrap

运行成功后会生成 BJFS. xyz 文件，生成之后为后续的处理程序提供准备文件。

5. 海洋潮汐校正文件

如果处理的站点为 IGS 站点，安装时默认已经生成了该点的校正参数；若处理本地站点，则需要提供站点的 XYZ 坐标，进行网上计算，并复制到对应的文件当中。

进入网站 http://holt. oso. chalmers. se/loading/index. html。

Select ocean tide model

A brief description of the ocean tide models can be found here.

FES2004 ▾

What type of loading phenomenon do you consider

◉ vertical and horizontal displacements

○ gravity $\mu m/s^2$

○ gravity mgal

If you have selected vertical and horizontal displacements, you can correct for the centre of mass motion of the Earth due to the ocean tides. (NO means your frame origin is in the solid earth centre, YES that it is in the joint mass centre of solid earth and ocean.)

Do you want to correct your loading values for the motion?

◉ NO

○ YES

Want a plot? (New feature of Sep. 4, 2011)

The plots show the near-field resolution of the coastline. They are generated for each site that involves the loading post-processor OLMPP. Compare with the comment information in the result file.

◉ NO

○ YES

Fetch it here after you received the results. Look for your user name: name - olmpp1. png name - olmpp2. png etc.

What kind of output format is required?

◉ BLQ(normal)

○ HARPOS(... RECENTLY ADDED FEATURE...)

Gravity loading parameters for TSOFT and g-Software can be converted from BLQ with olgt. pl

Where are your stations?

In the following form up to one hundred stations can be entered but each station should be on a separate line. The height of the station above sea level is irrelevant for ocean tide load modelling of displacements: it is not necessary to input this parameter, it can be safely omitted.

Name of station_________| |Longitude(deg) | Latitude(deg) | Height(m) OR

Name of station_________| X(m) Y(m) Z(m)

JXXJ -2437995.1530 5038823.2834 3047194.5755

(Our fixed column layout: 24 characters for the station, 25′th column blank, then three numerical fields with a width of 16 characters each, no TAB characters please!)

What is your e-mail address?

Note: Because of a large amount of misuse we deny requests with return addresses at a couple of notorious domains.

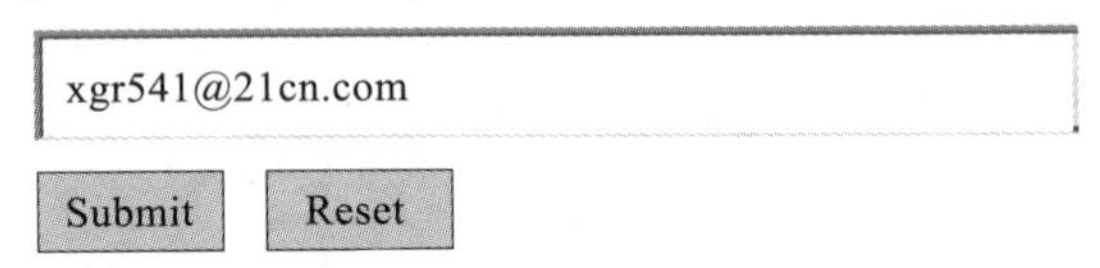

按 Submit 后弹出提示，按“确定”即可(图 8－5)。

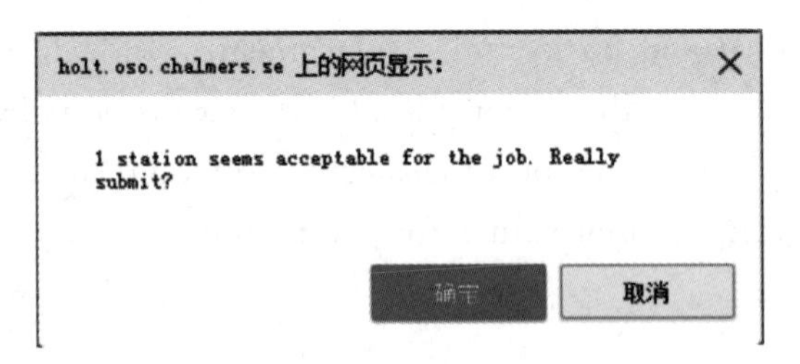

图 8－5　提交成果

然后等待几分钟后进入刚才键入的邮箱地址(图 8－6)。

将以下邮件内容复制到 $GOA_VAR/sta_info/ocnld_coeff_cm_fes04 中。

JXXJ

```
$$ Complete FES2004
$$ OLCMC/ OLFG,H.-G. Scherneck,Onsala Space Observatory 2014-Oct-11
$$ JXXJ,     RADI TANG   lon/lat:   115.8197    28.7245    70.690
 .00291 .00126 .00070 .00033 .00271 .00271 .00087 .00060 .00044 .00030 .00026
 .00287 .00112 .00061 .00030 .00394 .00268 .00130 .00053 .00041 .00016 .00011
 .00309 .00099 .00064 .00030 .00402 .00203 .00134 .00026 .00045 .00024 .00011
 161.3   146.8   151.9   144.1   -90.5 -101.8   -87.9 -113.5 -154.8 -163.4 -176.0
 140.0   164.7   136.5   142.9 -129.4 -148.3 -129.2 -158.8   118.7    76.0    15.6
  21.4    54.5     5.1    46.8   -92.2 -108.4   -92.8 -126.1     2.8   -10.1    -3.9 $$
```

Ocean loading values results
时　间：2014/10/11 11:28:48 星期六
发件人：Loading@holt.oso.chalmers.se （此邮件由 loading@holt.oso.chalmers.se 代发）
收件人：xgr541@21cn.com

```
$$ Ocean loading displacement
$$
$$ Calculated on holt using olfg/olmpp of H.-G. Scherneck
$$
$$ COLUMN ORDER:  M2  S2  N2  K2  K1  O1  P1  Q1  MF  MM SSA
$$
$$ ROW ORDER:
$$ AMPLITUDES (m)
$$   RADIAL
$$   TANGENTL   EW
$$   TANGENTL   NS
$$ PHASES (degrees)
$$   RADIAL
$$   TANGENTL   EW
$$   TANGENTL   NS
$$
$$ Displacement is defined positive in upwards, South and West direction.
$$ The phase lag is relative to Greenwich and lags positive. The
$$ Gutenberg-Bullen Greens function is used. In the ocean tide model the
$$ deficit of tidal water mass has been corrected by subtracting a uniform
$$ layer of water with a certain phase lag globally.
```

图 8-6　邮件接收结果

6. 其他相关文件

运行更新程序＄GOA/crons/update_gipsy_files. py，该程序为守护进程程序，可以放在自动运行进程中，也可以手动运行，在命令行中输入：

＄ update_gipsy_files. py -xu

如果有更新的文件，则会有提示成功更新文件的提示（图 8-7）。

```
2014-10-11 06:15:10Z: skipping (bad checksum) /var/opt/goa-var/etc/atmos_flux.nml
2014-10-11 06:15:10Z: updating /var/opt/goa-var/etc/transmitter.dcb
2014-10-11 06:15:10Z: updating /var/opt/goa-var/time-pole/eopc04/eopc04_IAU2000.14
2014-10-11 06:15:10Z: updating /var/opt/goa-var/time-pole/iersa/iersa_daily.final
2014-10-11 06:15:10Z: updating /var/opt/goa-var/time-pole/iersa/iersa_all.final
2014-10-11 06:15:10Z: updating /var/opt/goa-var/etc/GPS_Receiver_Types
2014-10-11 06:15:10Z: updating /var/opt/goa-var/etc/CA-P
```

图 8-7　更新系统库文件

（二）运行程序

将以下内容粘入一个新文件，并命名为 run_gipsy. sh。

```
#！/bin/csh -f
  (gd2p.pl\
      -i bjfs2800.14o \
      -n BJFS \
```

```
        - d 2014 - 10 - 7 \
        - r 300 \
        - type s \
        - w_elmin 7 \
        - e "- a 20 - PC - LC - F" \
        - pb_min_slip 10.0e - 5 \
#  - amb_res 2 \
        - dwght 1.0e - 5 1.0e - 3 - post_wind 5.0e - 3 5.0e - 5 \
        - no_del_shad - trop_z_rw 5.0e - 8 \
        - tides WahrK1 FreqDepLove OctTid PolTid \
        - orb_clk "flinnR_nf /GPSdata/JPL_GPS_Products/Final/2014" \
        - add_ocnld - OcnldCpn \
        - wetzgrad 5.0e - 9 \
        - trop_map GMF \
        - arp \
        - AntCal   BJFS.xyz \
        - p-2353.614421 - 4641.385321 3676.976407 \
        - env_km 0.0 0.0 0.0000142 \
        - stacov \
        > gd2p.log ) | &   sed '/^Skipping namelist/d'> gd2p.err
```

在命令行中输入 run_gipsy. sh,等待几分钟后即可以看到生成文件结果(图 8-8)。

```
14SEP01BJFS.dry  logs                        qmfile_old      smsol.nio
accume.nio       pos                         qregres.nml     stacov_final
batch.out.0      postbreak.log.0             rgfile          Sum_postbreak_logs
batch.txt        postbreak.nml               run_again       tdp_clk_yaw
bjfs2440.14o     postbreak_postEdit.log.0    SaveObsDate     tdp_final
bjfs2440.14S     postfit.nio                 shadow          tpnml
bjfs.gd2p.err    Postfit.sum                 smap4fix.log    wash
bjfs.gd2p.LOG    prefilter.txt               SMCOV           wash.nml
bjfs.xyz         ProcessFlags                smcov.nio       wlpb
GPS_antcal_ref   qmfile                      smooth.nio      XFILE
```

图 8-8　运行结果

(三)查看结果

1. 残差图(图 8-9)

运行以下命令:

```
residuals.pl
cat residuals.txt | awk '{if($ 4==120) print $ 0}' | cl '(c1 - f1)/3600' 5> lc_res.txt
cat residuals.txt | awk '{if($ 4==110) print $ 0}' | cl '(c1 - f1)/3600' 5> pc_res.txt
gnup - p spp2_lc_res.txt - xl "Hours" - yl "Post LC Residuals(cm)"
```

gnup - p spp2_pc_res.txt - xl "Hours" - yl "Post LC Residuals(cm)"

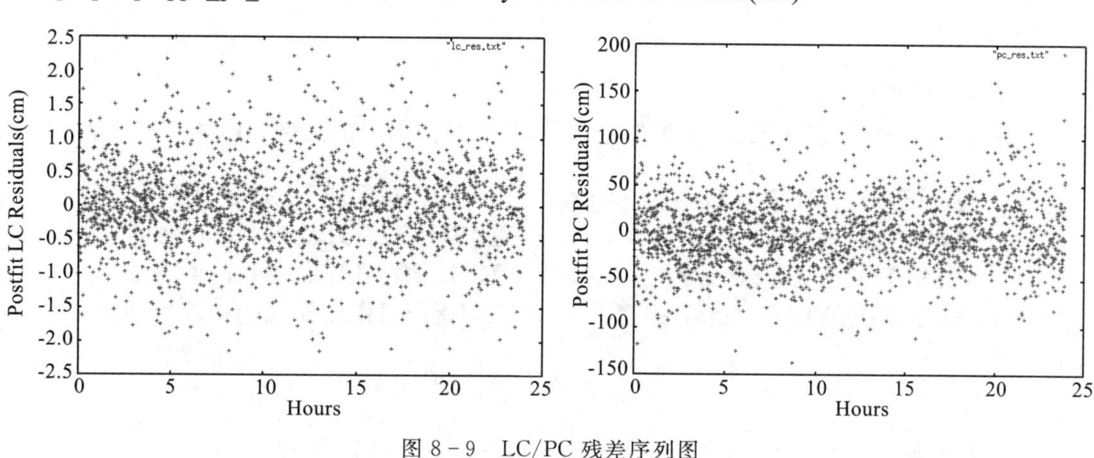

图 8-9 LC/PC 残差序列图

2. 对流层湿分量延迟(图 8-10)

运行命令:

grep WETZ tdp_final | cl '(c1 - f1)/3600' '1.0e2* c3'> wetz.txt

gnup - p wetz.txt - xl 'Hours' - yl 'Wet Trophosphere Delay(cm)'

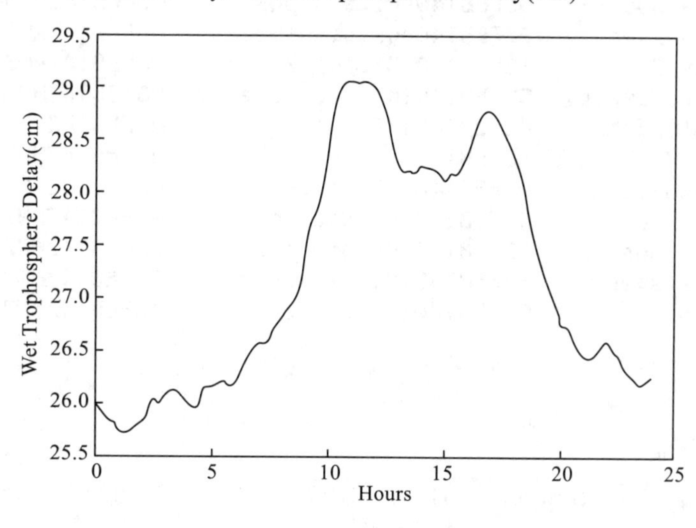

图 8-10 对流层分量延迟

二、Ambizap 模糊度解算

美国内华达大学 Blewitt 博士 2008 年基于固定点理论的模糊度解，开发了 Ambizap 软件，其处理算法是利用一种固定点法则来确定观测网参数的各种线性组合，最终为整个观测网生成唯一、自洽并已消除整周模糊度的单日解。因为从理论上说，观测网参数在模糊度解算过程中是固定不变的：通过初始的 PPP 解来固定整个网络的原点，这样只有相对位置受影响；而 $N-1$ 条基线将确定所有相对位置，如：(A－C)＝(A－B)-(B－C)；因此，初始的 PPP 解加 $N-1$ 条基线具有整网解的信息。Ambizap 软件是逐基线进行独立基线解算，定位精度能达到多基线网解法的水平,其在大规模GPS网解中发挥着重要的作用。

(一)准备数据

1.准备PPP数据

先进行PPP解算,基于GIPSY的单站解算,每个站点需要的文件如图8-11所示。

```
14SEP01BJFS_free.stacov    14SEP01BJFS.sta_id
14SEP01BJFS.nml.Z          14SEP01BJFS.sta_pos
14SEP01BJFS.qm.Z           14SEP01BJFS.sta_svec
14SEP01BJFS.smcov.Z        14SEP01BJFS.tdp.Z
```

图8-11 单站准备文件

每个站点都提供这些文件并压缩,需要两个以上的站点(图8-12)。

```
08FEB14HRBN_free.stacov    08FEB14QAQ1_free.stacov    08FEB14ZAMB_free.stacov
08FEB14HRBN.nml.Z          08FEB14QAQ1.nml.Z          08FEB14ZAMB.nml.Z
08FEB14HRBN.qm.Z           08FEB14QAQ1.qm.Z           08FEB14ZAMB.qm.Z
08FEB14HRBN.smcov.Z        08FEB14QAQ1.smcov.Z        08FEB14ZAMB.smcov.Z
08FEB14HRBN.sta_id         08FEB14QAQ1.sta_id         08FEB14ZAMB.sta_id
08FEB14HRBN.sta_pos        08FEB14QAQ1.sta_pos        08FEB14ZAMB.sta_pos
08FEB14HRBN.sta_svec       08FEB14QAQ1.sta_svec       08FEB14ZAMB.sta_svec
08FEB14HRBN.tdp.Z          08FEB14QAQ1.tdp.Z          08FEB14ZAMB.tdp.Z
08FEB14HYDE_free.stacov    08FEB14QIKI_free.stacov    08FEB14ZHNZ_free.stacov
08FEB14HYDE.nml.Z          08FEB14QIKI.nml.Z          08FEB14ZHNZ.nml.Z
08FEB14HYDE.qm.Z           08FEB14QIKI.qm.Z           08FEB14ZHNZ.qm.Z
08FEB14HYDE.smcov.Z        08FEB14QIKI.smcov.Z        08FEB14ZHNZ.smcov.Z
08FEB14HYDE.sta_id         08FEB14QIKI.sta_id         08FEB14ZHNZ.sta_id
08FEB14HYDE.sta_pos        08FEB14QIKI.sta_pos        08FEB14ZHNZ.sta_pos
08FEB14HYDE.sta_svec       08FEB14QIKI.sta_svec       08FEB14ZHNZ.sta_svec
08FEB14HYDE.tdp.Z          08FEB14QIKI.tdp.Z          08FEB14ZHNZ.tdp.Z
```

图8-12 运行多站模糊度解算

2.准备相关目录

新建文件夹如in4ppp、out4ppp,in4ppp用于存贮PPP计算的结果,out4ppp用于存贮计算的结果。将相关的文件复制到in4ppp目录。

(二)运行程序

准备好数据后,运行以下命令:

$ ambizap - delete - min 50 - force in4ppp out4ppp

将在out4ppp目录下生成如下目录:

recycle solution work.8315

所有的解算将在work.8315下进行(图8-13)。

每两个站点进行基线解算(图8-14)。

```
08FEB14MAT1-WTZR_fix.stacov          work.QAQ1-STJO
08FEB14MBAR_free.stacov              work.QIKI-THU3
08FEB14MCIL_free.stacov              work.QION-YONG
08FEB14MCM4_free.stacov              work.SANT-UNSA
08FEB14MD01_free.stacov              work.SHAO-TNML
08FEB14MKEA_free.stacov              work.SHAO-WUHN
08FEB14MQZG_free.stacov              work.SUTH-SUTM
08FEB14MQZG-OUS2_fix.ambsum          work.TAIN-ZHNZ
08FEB14MQZG-OUS2_fix.stacov          work.TASH-WUSH
08FEB14NKLG_free.stacov              work.TNML-XIAM
08FEB14NLIB_free.stacov              work.USN3-USNO
08FEB14NLIB-USN3_fix.ambsum          work.VILL-YEBE
08FEB14NLIB-USN3_fix.stacov          work.WHIT-YELL
```

图 8－13　生成目录

```
08FEB14QION_free.stacov   08FEB14QION.sta_svec       08FEB14YONG.sta_id
08FEB14QION.nml.Z         08FEB14QION.tdp.Z          08FEB14YONG.sta_pos
08FEB14QION.qm            08FEB14YONG_free.stacov    08FEB14YONG.sta_svec
08FEB14QION.qm.Z          08FEB14YONG.nml.Z          08FEB14YONG.tdp.Z
08FEB14QION.smcov         08FEB14YONG.qm             ProcessFlags
08FEB14QION.smcov.Z       08FEB14YONG.qm.Z           work08FEB14
08FEB14QION.sta_id        08FEB14YONG.smcov
08FEB14QION.sta_pos       08FEB14YONG.smcov.Z
```

图 8－14　两站解算模糊度文件

(三)查看结果

生成对应的 point 文件(图 8－15)。

```
372 PARAMETERS ON 08JAN01.
  1  AIRA STA X       -3.530185549554330e+06  +-  2.473987003392490e-03
  2  AIRA STA Y        4.118797313854310e+06  +-  2.649820587702900e-03
  3  AIRA STA Z        3.344036898853380e+06  +-  2.138912759283870e-03
  4  ALIC STA X       -4.052052267142900e+06  +-  2.487861936249420e-03
  5  ALIC STA Y        4.212836053298830e+06  +-  2.490511828342620e-03
  6  ALIC STA Z       -2.545105257702040e+06  +-  1.628260686615310e-03
  7  ARTU STA X        1.843956663112830e+06  +-  1.251664964062910e-03
  8  ARTU STA Y        3.016203125225450e+06  +-  1.772427503378690e-03
  9  ARTU STA Z        5.291261713615540e+06  +-  2.759628849538710e-03
 10  ASPA STA X       -6.100260100499340e+06  +-  3.449804780655870e-03
 11  ASPA STA Y       -9.965032645858800e+05  +-  1.209960359855680e-03
 12  ASPA STA Z       -1.567977764123330e+06  +-  1.186887548074440e-03
 13  AUCK STA X       -5.105681248497410e+06  +-  2.923277327165790e-03
 14  AUCK STA Y        4.615640212335600e+05  +-  1.002745206100120e-03
 15  AUCK STA Z       -3.782181398428570e+06  +-  2.046958921503890e-03
 16  BJFS STA X       -2.148744154726350e+06  +-  1.472685618859800e-03
 17  BJFS STA Y        4.426641243040260e+06  +-  2.496946394881980e-03
 18  BJFS STA Z        4.044655874827120e+06  +-  2.163014882074470e-03
 19  BOGT STA X        1.744398981715730e+06  +-  1.504270303949320e-03
 20  BOGT STA Y       -6.116037376268220e+06  +-  3.466010447885630e-03
 21  BOGT STA Z        5.127317357574240e+05  +-  7.928956135546170e-04
 22  BRAZ STA X        4.115014074655880e+06  +-  2.652135841265650e-03
```

图 8－15　stacov 文件

附录一　控制测量实施与总结报告

总结报告编写格式如下(参考)。

(一)封面

实习名称、时间、班级、小组号、编写人及指导教师姓名

(二)目录

(三)前言

说明实习的目的、任务和要求

(四)GPS控制网技术总结

第一部分　概述

1.测区概况

2.作业依据

3.实习作业安排情况

4.实际完成工作量

第二部分　资料介绍

平面坐标系统、高程系统、起算数据及资料应用情况

第三部分　作业方法、质量和有关技术数据

1.常用仪器设备及软件应用情况

2.作业方法

3.成果完成情况

(1)GPS控制部分:基线处理、网平差情况、高程拟合精度分析。

(2)提交成果中需要说明的其他问题。

(3)GPS-E级控制点成果表。

第四部分　结论

第五部分　提交成果资料清单

实习心得总结:主要是实习心得,对实习的意见及建议。

附录二　GPS野外观测手簿

1. 测站信息

测站名__________　测站号__________

2. 仪器信息

主机型号________________________　S/N __________　PN __________

天线型号________________________　S/N __________　PN __________

接收机内置软件版本号______________________________

3. 测站环视图

N

60　30　15　0

说明：

4. 观测信息

观测时间：年份__________年积日_______至_______

天气状况____

5. 天线高量取

年积日	读数(m)				年积日	读数(m)			
	1	2	3	平均		1	2	3	平均

注：每个位置要测前、测后各量取一次。

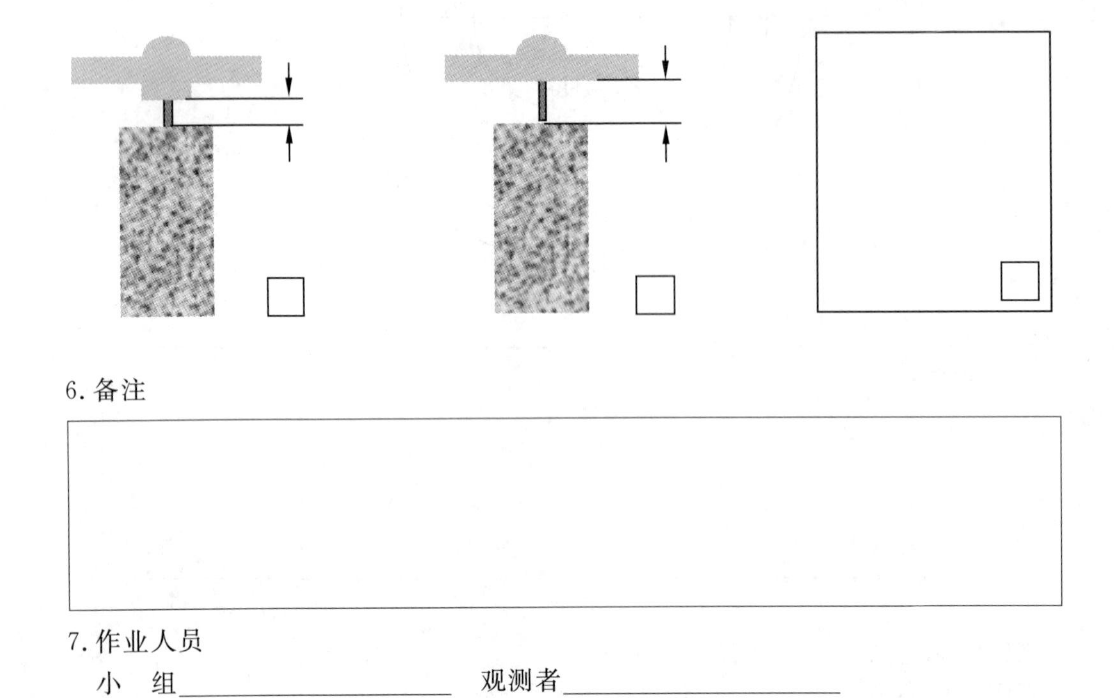

6. 备注

7. 作业人员

小　组＿＿＿＿＿＿＿＿＿＿＿　观测者＿＿＿＿＿＿＿＿＿＿＿

检查者＿＿＿＿＿＿＿＿＿＿＿　检查日期＿＿＿＿＿＿＿＿＿＿＿

附录三 GPS观测站点之记

<table>
<tr><td>点名</td><td></td><td>编号</td><td></td><td>网类别</td><td></td><td>网名</td><td></td></tr>
<tr><td colspan="3">所在图幅(1∶100 000)</td><td colspan="2"></td><td colspan="3">站 位 略 图</td></tr>
<tr><td>概略纬度</td><td colspan="4">N</td><td colspan="3" rowspan="9"></td></tr>
<tr><td>概略经度</td><td colspan="4">E</td></tr>
<tr><td>概略高程(m)</td><td colspan="4"></td></tr>
<tr><td>站址所在地</td><td colspan="4"></td></tr>
<tr><td>最近水源</td><td colspan="4"></td></tr>
<tr><td>最近住所</td><td colspan="4"></td></tr>
<tr><td>供电系统</td><td colspan="4"></td></tr>
<tr><td>邮电通讯</td><td colspan="4"></td></tr>
<tr><td>石子来源</td><td colspan="4"></td></tr>
<tr><td>砂子来源</td><td colspan="4"></td><td colspan="3">地形地质构造略图</td></tr>
<tr><td>冻土深度(m)</td><td></td><td>解冻深度(m)</td><td colspan="2"></td><td colspan="3" rowspan="4"></td></tr>
<tr><td>地形地貌</td><td colspan="4"></td></tr>
<tr><td>站址岩性</td><td colspan="4"></td></tr>
<tr><td>地质概要、
构造背景</td><td colspan="4"></td></tr>
<tr><td>交通情况</td><td colspan="3"></td><td>交通路线图</td><td colspan="3"></td></tr>
</table>

续附录三

<table>
<tr><td>点名</td><td></td><td>编号</td><td></td><td>网类别</td><td></td><td>网名</td><td></td></tr>
<tr><td colspan="4">点位环视图</td><td colspan="2">标石类型</td><td colspan="2"></td></tr>
<tr><td colspan="4" rowspan="2"></td><td colspan="4">实埋墩标剖面图</td></tr>
<tr><td colspan="4"></td></tr>
<tr><td colspan="4">有关点位环视图的必要说明：</td><td colspan="4">原有高等级大地、形变、重力点位利用情况：</td></tr>
<tr><td colspan="4">便于联测的水准点点名、点号、等级及联测里程：</td><td colspan="4">便于联测的重力点点名、点号、等级及联测里程：</td></tr>
<tr><td rowspan="5">选点者</td><td>选点人</td><td colspan="2"></td><td rowspan="5">建站者</td><td>建站人</td><td colspan="2"></td></tr>
<tr><td>单　位</td><td colspan="2"></td><td>单　位</td><td colspan="2"></td></tr>
<tr><td>地质员</td><td colspan="2"></td><td>建站时间</td><td colspan="2"></td></tr>
<tr><td>单　位</td><td colspan="2"></td><td rowspan="2">委托保管人</td><td colspan="2" rowspan="2"></td></tr>
<tr><td>选点时间</td><td colspan="2"></td></tr>
<tr><td colspan="4">对埋石工作的建议：</td><td colspan="4">委托保管单位及详细地址：</td></tr>
<tr><td>备　注</td><td colspan="7"></td></tr>
</table>

附录四 GPS 仪器检验观测手簿

GPS 仪器检验观测手簿

主机型号____________ S/N ____________ PN ____________

天线型号____________ S/N ____________ PN ____________

内置软件版本号________________________________

检 验 单 位：____________________

技术负责人：____________________

观 测 者：____________________

检 查 者：____________________

检 验 日 期：____________________

问题及处理意见：

检查者________________ 检查日期________________

一般项目检视：________________________________

____

TEQC 检验：

观测日期__________年______月______日　　年积日__________天气状况__________

开始时刻(UTC)____________________结束时刻(UTC)____________________

天线高量取示意图：

天线高固定常数：____ m

检验项目：____________________　时段号：____________________

观测日期__________年____月____日　　年积日__________ 天气状况__________

开始时刻(UTC)______________________结束时刻(UTC)______________________

天线高读数(m)：

	1	2	3	平　均	
测前					
测后					

检验项目：____________________　时段号：____________________

观测日期__________年______月______日　　年积日__________天气状况__________

开始时刻(UTC)____________________结束时刻(UTC)____________________

天线高读数(m)：

	1	2	3	平　均	
测前					
测后					

附录五　内部GPS点位点之记

点　名		等　级		通视点号	
所在地					
地　类			标　类		
点位略图			交通路线		
点位实景图			点位类型实景图		
选点、埋石情况					
单　位					
选点员		埋石员		日　期	年　月
备　注					

附录六　计算年积日相关

DOY：年积日(Day Of Year，DOY)，GPS测量中常用记数方法，多用于rinex文件命名，如bjfs3640.13o(表示bjfs站2013年第364天的第一个观测文件，即2013年12月30日)。表示该天在当年的第多少天，1月1日为001，1月31日为031，2月1日032，2月28日为059，3月1日为060(如果为闰年，则3月1日为61)，以此类推，12月31日相应为365(否则为366)。

GPS周，从1980年1月6日0时开始起算的周数，起算周为0。2004年5月1日的GPS周为第1 268周，2014年10月22日的GPS周为第1 815周。

Windows 7＋TURBOC2.0编译环境通过。

```
# include<stdio.h>
int leap(int year){
  return(year% 4==0&&year% 100! = 0)| | (year% 100==0&&year% 400==0); }
int doy(int year,int month,int day){
  int i,doy=0,months[13]={0,31,28,31,30,31,30,31,31,30,31,30,31};
  if(leap(year)) months[2]+=1;
  for(i= 1;i< = month;i++)
   doy+ = months[i - 1];
return(doy+day);   }
void main(){
    int year,month,day;
    int doy(int year,int month,int day);
    printf("intput year,month,day\ n");
    scanf("% d% d% d",&year,&month,&day);
printf("YearMonthDay % d% 2.2d% 2.2d GPSW is
% d\ n",year,month,day,gpsw(year,month,day));
}
int gpsw(int year,int mon,int day ){
    int i,SumYr=0;
    for(i=1980;i<year;i++)
        SumYr+ = (365+ leap(i));
    SumYr+ = doy(year,mon,day)- 6;
    SumYr/=7;
    return SumYr; }
```

主要参考文献

党亚民，秘金钟，成英燕．全球导航卫星系统原理与应用[M]．北京：测绘出版社，2007.

独知行，刘智敏．GPS测量实施与数据处理[M]．北京：测绘出版社，2010.

李天文．GPS测量原理与应用[M]．北京：科学出版社，2003.

李征航，黄劲松．GPS测量与数据处理[M]．武汉：武汉大学出版社，2005.

刘大杰，施一民，过静珺．全球定位系统(GPS)的原理与数据处理[M]．上海：同济大学出版，1999.

刘基余．GPS卫星导航定位原理与方法[M]．北京：科学出版社，2003.

魏二虎，黄劲松．GPS测量操作与数据处理[M]．武汉：武汉大学出版社，2004.

肖根如．GPS地壳形变观测及其在中亚大三角地震构造域的应用[D]．北京：中国地震局地质研究所，2011.

徐绍铨．GPS测量原理及应用[M]．武汉：武汉大学出版社，2003.

叶世榕．GPS非差相位精密单点定位理论与实现[D]．武汉：武汉大学，2002.

张勤，李家权．GPS测量原理及应用[M]．北京：科学出版社，2005.